나를 닮아갑니다

# 나를 닮아갑니다

**홈스타일리스트 김혜송** 지음

나다운 집을
만드는
홈스타일링
노하우

북스토리

저는 지금 살고 있는 이 집이 참 좋습니다.

제 지인들은 말해요. 집이 저를 닮았다고.

집 안 곳곳에서 제 성격이 보인다며 신기한 듯 이야기합니다.

6년 전 이곳으로 이사를 온 후 집에 있는 시간이 많아졌습니다. 아이
가 생겨 회사를 그만둔 후로 일도 쇼핑도 집에서 하고, 친구들도 집으
로 초대해 만나다 보니 어느 순간 모든 생활이 집에서 이루어졌어요.
자연스럽게 집에 대해 생각하는 시간이 늘었고, 더 좋은 모습의 집에서
지내면 좋겠다는 생각이 들어 집 꾸미기를 시작했습니다. 그 과정이 쌓
이고 쌓여 아마도 저를 닮은 집이 된 것이겠죠.

요즘은 저뿐만이 아니라 많은 분들이 집에 있는 시간이 늘었죠. 힘들
어하는 분들도 있지만, 집에서의 시간을 소중하게 생각하는 분들도 많
아졌어요. 이 책에는 머물고 싶은 집, 나에게 딱 맞는 집을 만들어가는
이야기를 담았습니다. 살면서 천천히 가꾸어 나가는 집과 공간에 대한
이야기 함께해주세요.

# contents

# 아침이 설레는 집

얼마 전부터 제 아침은 달라졌습니다. 아침잠이 많던 제가 이른 시간에 알람을 맞추어 눈을 뜨고, 누구보다 빨리 아침을 맞이하기 시작했어요. 이제는 해가 뜰 즈음의 어슬하고 고요한 시간에 눈을 뜹니다. 거실 창밖을 보며 날씨를 확인하고 오늘 할 일을 천천히 정리하죠. 남편과 아이가 일어나기 전까지, 온전히 제게 집중할 수 있는 이 차분하고 고요한 시간은 참 소중합니다.

언젠가부터 아침 시간은 제 일상도 특별하게 만들어주었습니다. 아마도 제 손으로 조금씩 꾸미기 시작한 집이 제 취향을 담고, 저를 닮아가기 시작한 것은 그때부터인 것 같아요.

커튼 사이로 수줍게 떠오르는 태양과 창문 사이로 부드럽고 상쾌하게 들어오는 바람, 하나하나 취향에 맞는 가구와 소품으로 채워진 우리 집. 이곳에서 시작하는 아침은 마치 어느 휴양지에서 맞이하는 하루처럼 편안하고 기분이 좋아집니다.

나를 담아 정성 들인 집에 산다는 것. 그것이 참 행복한 일이라는 것을 깨닫습니다. 새집이 아니어도, 비싼 인테리어 공사를 하지 않아도 살면서 하나씩 고쳐 나간 집은 제게 있어 최고의 집이고, 그 집에서 시작하는 하루는 매일이 다릅니다.

'사람은 집을 만들고, 집은 사람을 만든다'는 말이 있죠. 저는 그 말의 힘을 믿습니다. 집이 바뀌면서 그 공간에서 시간을 보내는 사람도 변화하는 모습을 많이 봐왔거든요. 특히나 요즘처럼 집과 라이프 스타일이 닮아가고, 집 안에서 보다 많은 시간을 보내야 하는 때는 집이 우리에게 미치는 영향은 더욱 커지죠.

저 역시 지금 이곳에서 살아가면서 집이 우리 가족에게 어떤 의미인지 조금씩 깨닫게 되었습니다. 자신을 공간에 담아 좋아하는 스타일로 꾸미고, 잘 정돈된 집이 주는 행복이 일상에서 얼마나 큰 가치인지를요.

매일 기분 좋은 아침을 맞을 수 있는 집에 산다는 것이 얼마나 행복한 일인지 생각하게 해준 이곳에서의 6년간의 기록을 이제 천천히 써보려고 합니다.

Good morning, My home!

좋은 집이란 사는 것이 아니라

만들어지는 것이어야 한다.

– 조이스 메이나드

# 살면서 보이는 것들

새로운 곳으로 이사를 하고, 집에 적응이 되어갈 즈음에 출산 휴직을 하게 되었습니다. 휴직을 하고 나니 전보다 집에 있는 시간이 많아졌죠. 주변에 아는 사람도 없고, 먼 곳까지 외출하기엔 몸이 너무 무거워서 반강제로 집순이가 되었답니다.

집에 있는 시간이 많아지다 보니 그동안 보이지 않던 것들이 보이기 시작하더군요. 아침부터 저녁까지, 온전한 하루 동안 우리 집이 어떤 모습인지 말이죠.

아침은 고요하게 시작되었습니다. 거실에는 간접조명을 켜놓은 듯 잔잔하게 빛이 들어와 커피 한잔하며 창밖을 바라보기에 딱 좋은 풍경이었어요. 오후 2시가 되면 햇볕이 주방까지 깊숙이 들어왔는데, 이때 거실은 아주 밝은 노란빛을 띠면서 따스한 온기를 가득 품고 있는 모습이었습니다.

5시가 지나 해질 무렵이면 마치 회색 물감을 섞어놓은 듯 집 안은 채도가 낮은 톤으로 변했습니다. 저녁을 준비하기 전 음악을 들으며 따뜻한 차 한잔하기에 알맞은 차분한 분위기가 느껴졌어요. 밤이 되어 주변의 불빛이 하나둘씩 꺼지면 가로등의 은은한 불빛만이 남아 평온

하게 하루를 마감할 수 있는 모습이 되었어요.

아침에 해가 뜰 때 거실의 모습은 어떤지, 한낮에 햇살과 어울려 들어오는 바람과 함께하는 집의 모습은 어떤지, 해가 질 무렵 어둠이 깔리면 우리 집은 어떤 색을 띠는지 알게 되면서 조금씩 집에 대한 애정이 생기기 시작했습니다. 이른 아침 출근해서 해가 진 후에야 들어오던 신혼집과는 달리 더 각별한 기분도 들었지요.

자연스럽게 바뀌어갈 우리 집이 떠올랐습니다. 발코니에서 아이와 함께 놀고, 온 가족이 식탁에 앉아 식사를 하고, 소파에 누워 좋아하는 영화를 즐기는, 앞으로 이곳에서 보낼 시간들이요.
그리고 다짐했습니다. 서두르지 않고, 천천히 우리 가족을 위한 집으로 꾸며보겠다고요. 가족을 사랑하는 마음으로 그렇게 사랑스러운 집을 만들어보겠다고요.

아침 햇살과 저녁의 온기를 만끽할 수 있는 곳.

계절의 기쁨을 느끼고, 내가 가장 사랑하는 사람들이 있는 곳.

그리고 온전히 나를 품어주는 곳.

그곳이 집이어서 참 좋다.

# 집으로 떠나는 여행

저는 여행을 참 좋아해요. 익숙하지 않은 곳에서의 설렘과 새로운 경험이 때로는 선물과도 같으니까요. 특히나 여행지에서 맞는 아침을 좋아해요. 포근하고 사부작거리는 이불에서 상쾌한 기분으로 일어나 천천히 창문으로 걸어가 커튼을 활짝 걷고 창밖의 세상을 보면서 오늘 어떤 하루가 펼쳐질지 즐거운 기대감을 갖게 되지요.

피곤한 여정에 늦잠을 잘 법도 하지만, 평소와는 다르게 알람을 맞추지 않아도 이른 아침 눈이 떠집니다. 꼭 유명 관광지나 특별한 곳이 아니어도 상관없어요. 그곳이 어디든 여행을 떠나면 특별한 감정들을 느낄 수 있으니까요.

예전에는 여행을 계획할 때 여행지를 정하고 숙소를 골랐다면, 요즘에는 숙소를 먼저 정한 후 그 주변을 여행하는 사람들이 많아졌어요. 여행에서 숙소가 주는 경험적 가치가 점점 커지고 있으니까요. 집에서는 이루지 못하는 일상의 로망을 여행지의 숙소에서 경험해보고 싶은 마음인 거죠.

저도 숙소를 정할 때 지금 살고 있는 집과는 다른 형태의 숙소를 선택해요. 발코니에서 문을 열면 바로 수영장으로 연결되는 호텔이나 복층으로 된 펜션 등 지금껏 경험해보지 못한 곳을 숙소로 선택합니다.

언젠가 제주도 여행에서는 아담하지만 예쁜 마당이 있는 단독주택 느낌의 숙소로 정했습니다. 거실 창을 열면 바로 데크가 있고, 초록 잔디가 빛나는 예쁜 마당이 이어졌어요. 그곳에서 아이와 비눗방울 놀이도 하면서 실컷 뛰어 놀고, 누워서 햇살도 마음껏 누려보았습니다. 마당이 있는 집에 살아보는 게 소원이었는데, 단 며칠이어도 그 바람을 경험할 수 있었어요. 그런 여행지에서의 하루하루는 평범하지만 모든 시간이 다 좋았습니다.


집이 그런 공간이면 좋겠다는 생각이 듭니다. 아침에 눈을 떴을 때 평범한 날이더라도 아주 작은 차이로 설레는 여행지에서의 기분을 느낄 수 있는 공간이요.

몇 년 전 어느 겨울의 아침이었어요. 새벽에 깼던 아이는 이내 다시 잠이 들었고, 라디오에서는 좋아하는 음악이 흘러나왔어요. 그때 영화처럼 창밖에는 함박눈이 내렸고, 제 손에는 따뜻한 커피 한 잔이 들려 있었어요. 이내 새하얗게 쌓인 눈은 언젠가의 강원도 숙소에서 보았던 그 시간을 떠오르게 하면서, 마치 지금 그곳에 다시 온 듯한 기분이 들었습니다.


지금도 가끔 그날이 생각납니다. 평범한 날이었고, 어느 때와 똑같은 집이었지만 찰나의 순간 제 일상은 아주 특별해졌거든요. 그때 깨달았죠. 자주 여행은 가지 못하더라도, 그때의 감정들이 일상에 스며들어 집에서도 언제든 그 설렘을 느낄 수 있다는 것을요.

이후 저는 종종 집에서 여행지를 느낄 수 있도록 꾸며요. 여름날 주말에는 쿠바 음악을 신나게 틀어놓고 커다란 잎사귀 형태의 식물들을 잔뜩 사 와 식탁 위에 올려놓기도 하고, 원색의 아트포스터를 벽에 붙여놓기도 하면서 이국적인 느낌으로 기분을 내는 거죠. 가끔 호텔 조식을 먹듯이 식탁 위에 다양한 과일과 주스, 팬케이크, 소시지 등을 잔뜩 차려놓기도 하고요.

이렇게 소소한 즐거움을 집 안에서 경험해보면서 평범한 날들을 변화시키고는 합니다. 이런 날들이 모여 조금씩 바라던 일상에 다가갈 수 있기를 기대하면서요.

낯선 여행지에서의 경험은

일상으로 돌아온 후에도

여운과 새로운 영감을 준다.

# 전셋집을 꾸미는 이유

이사를 할 때 저는 빠듯한 예산 탓에 리모델링은 생각도 못 하고 벽지만 겨우 바꾸고 들어왔습니다. 그땐 출산 준비에 이사까지 하느라 정신적으로도 여유가 없었거든요. 어차피 전셋집이니 그냥 깔끔하게만 지내자는 생각을 했습니다.

하지만 살면서 장판을 바꾸고, 화장실도 건식으로 바꿔보면서 절실히 느낀 것이 있습니다. 집이 바뀌면 그 집에서의 생활도 바뀔 수 있다는 것이었어요.

안방의 장판을 새로 깔고 나니 그 전과는 다른 분위기의 안방에서 더 편하게 휴식을 취하고 내일을 준비할 수 있었어요. 화장실을 건식으로 꾸민 후에는 하루에도 몇 번씩 화장실 갈 때마다 왠지 모를 미소가 지어졌지요. 이런 기분 좋은 일들이 하나둘씩 늘어나면서 집에서 웃는 시간이 많아졌고, 마음에도 조금씩 여유가 생겼습니다.

제가 이렇게 집을 꾸밀 수 있었던 건 집주인의 배려 덕분이었어요. 오랜 시간 임대를 주었던 집이라 집 상태가 많이 안 좋다는 것을 아시고, 저희가 원하는 대로 집을 꾸밀 수 있도록 흔쾌히 허락해주셨거든요.

그 덕에 이렇게 오랫동안 이곳에 살 수도 있었고요.

물론 내 집도 아닌 남의 집을 꾸민다는 것은 부담스러운 일이었어요. 저도 남편도 처음에는 2년만 살 수도 있다는 생각에 집을 꾸미는 것에 대해 망설였어요. 이사 올 때 새로 도배를 했으니 그걸로도 전셋집에 꽤 많은 투자를 했다고 생각했지요.

하지만 살면서 집은 잠시 머물다 가는 곳이 아니라 우리 가족의 삶을 담는 공간이라는 것을 절실히 느끼게 되었습니다. 그래서 제가 할 수 있는 작은 일부터 도전하며 조금씩 집을 꾸미기 시작했지요. 집을 꾸미기 시작한 이후 저희 가족의 생활은 많이 달라졌어요. 집에서 더 많은 활동을 할 수 있게 되었고, 일상은 더 풍요로워졌어요.

가끔 처음부터 이렇게 오랜 시간 이 집에 살 걸 알았더라면 어땠을까, 하는 생각을 해요. 그랬다면 이사 올 때부터 도배뿐만 아니라 장판, 페인트칠 등 꽤 많은 곳을 수리하고 이사 왔을 수도 있을 거예요. 하지만 이 집에서 오랜 시간 동안 살면서 집을 알아가며 천천히, 하나씩 변화를 주었기에 집을 꾸며가는 과정이 더 즐거웠고, 집 안 곳곳이 꽤나 마음에 드는 공간으로 변했다고 생각합니다.

신혼집은 처음부터 많은 부분을 새로 고치고 들어가다 보니 오히려 사는 동안 전혀 변화를 주지 않은 채 처음 모습 그대로 지냈어요. 어떻게 생각하면 정말 무심하게 집을 대했던 거죠.

하지만 지금은 전셋집임에도 불구하고 계절의 변화에 따라, 순간순간 느끼는 제 감정에 따라 집을 계속 바꾸며 가꾸어 나가고 있어요. 그래서인지 이곳은 신혼집보다 훨씬 애정이 가고, 더 '내 집' 같은 온기를 느낄 수 있는 집이 되어가고 있습니다.

누군가에게 보여주기 위한 곳이 아닌,

오로지 내 삶에 집중하기 위한 곳.

# 인테리어 디자이너가
# 집을 고르는 방법

신혼집은 직장과 1시간 30분 정도 되는 거리에 있었어요. 아침 7시에 나가 퇴근하고 들어오면 밤 8시가 넘다 보니 집에서 보내는 시간이 별로 없었어요. 신혼집이어서 공들여 리모델링까지 했지만 퇴근 후 잠시 쉬었다 잠드는 곳에 불과했지요. 그러다 임신을 하고 회사와 조금 더 가까운 곳으로 이사하기로 결정했습니다.

그동안 출퇴근길이 힘들었기 때문에 회사와 가까운 곳으로 이사를 하는 것이 첫 번째 목표였지만, 강남 한복판에 위치한 회사 근처에 집을 구하는 것은 현실적으로 쉽지 않은 일이었지요. 매주 토요일마다 집을 보러 다니면서, 정말 수십 개의 매물을 봤지만 예산 안에서, 더군다나 곧 있으면 태어날 아이까지 고려한 조건의 집을 구하는 건 생각보다 어려운 일이었어요.

회사 주변에서 예산에 맞는 매물은 주로 빌라가 많았는데, 빌라 특성상 방이 3개여도 거실이 작고 수납공간 등이 많지 않아 아이와 함께 생활하기에 조금 불편해 보였어요. 하지만 빌라는 독특하고 재미있는 구조가 많아서, 획일화된 아파트 구조를 싫어했던 저는 빌라의 구조가 참 매력적으로 느껴졌어요. 남편과 둘만 살았다면 무조건 회사와 가까운 빌라를 얻었겠지만, 아이와 함께 살아야 하니 고려해야 할 부분이 많아 쉽게 결정할 수가 없었지요.

그렇게 집을 구하는 데 조금씩 지쳐갈 때쯤, 신혼집에서 차로 15분 정도 떨어진 동네에 가서 커피를 마신 적이 있어요. 처음 가본 곳이었지만 느낌이 참 좋았어요. 번화가는 아니었지만 여러 편의시설이 모여 있었고, 당시는 지하철역이 공사 중이었는데 몇 개월 후에는 개통 예정이었죠. 지하철을 이용하면 회사까지 45분 정도 걸리니 출퇴근하기도 적당했어요. 그날 동네를 둘러보다 한 아파트가 눈에 들어왔어요. 10년이 넘는 아파트였지만 깔끔하게 잘 관리되어 있었고, 대단지 아파트라 편의시설도 갖추어져 있었어요. 단지 전체에 따뜻한 햇볕이 내리쬐는 것도 마음에 들더라고요. 아이를 키우기에도 참 좋을 것 같다는 생각이 들었어요. 우리는 이곳에 새로운 보금자리를 찾아보기로 했습니다.

아파트를 결정하고 나니, 나와 있는 매물 중에서 예산에 맞고 취향에 맞는 집을 골라야 했어요. 당시 전셋값이 하루가 다르게 오르던 시기라 마음에 드는 집이 나오면 바로 결정해야 하는 상황이었지만, 그렇다고 아무 곳이나 선택할 수는 없었습니다.

세 곳 정도를 봤는데 마음에 드는 집이 없었어요. 어떤 집은 월넛의 진한 몰딩이 부담스러웠고, 어떤 집은 체리색 바닥이 너무 튀게 느껴졌어요. 어느 정도는 제가 손봐야겠다는 생각은 하고 있었기 때문에, 가능하면 최소한의 비용만 들여서 효과를 볼 수 있는 집을 찾아야 했습니다. 부동산에서는 마음에 쏙 드는 집을 찾기는 쉽지 않을 거라고 했지만, 세대수가 많은 대단지 아파트여서 조금만 더 기다려보기로 했죠. 그러던 어느 날 부동산의 전화를 받고 퇴근 후 급하게 집을 보러 갔지요.

10년이 넘는 시간 동안 한 번도 리모델링을 한 적이 없어 마감재나 싱크대 등이 조금 노후되어 있었지만, 바닥과 몰딩색이 밝은 오크색 계열이라 저희 가구와 어울릴 것 같았어요. 물론 벽지는 알록달록하고, 패브릭 알판으로 된 거실 아트월은 세월의 흔적이 가득 담겨 촌스럽게 느껴졌고, 방마다 아주 오래되어 보이는 노란색 장판이 깔려 있었지만, 이 정도면 조금씩 손보면서 살 만하겠다는 생각에 이 집으로 결정했습니다.

계약하기 전에 집주인에게 벽지를 새로 해줄 수 있는지 협상을 해보았지만, 고장 난 곳 수리와 베란다 결로가 생긴 곳에 페인트칠만 새로 해줄 수 있다더군요. 결국 벽지는 저희가 해야겠다고 마음먹고 계약을 했습니다.

물론 다른 곳도 조금씩 고치고 싶었지만, 이미 전세 비용만으로도 예산을 초과해서 우선은 벽지만 새로 하고 이사를 했습니다. 가까운 인테리어 업체에 가서 도배 비용을 의뢰했는데, 당시 견적이 280만 원이 나왔어요. 제가 예상했던 비용보다 많아서 최대한 비용을 절감할 수 있는 방법을 찾기로 했습니다.

천장을 보니 화이트 톤으로 깔끔했기 때문에 천장은 교체하지 않고 벽면만 새로 하기로 했어요. 그리고 벽지는 인터넷에서 구매하고 시공만 해줄 분을 찾기로 했죠. 벽지는 집 안 벽면을 일일이 다 재서 벽지 소요량을 계산하고 인터넷으로 직접 주문했어요. (인터넷에 벽지 소요량 계산 방법이 나와 있어 어렵지 않게 계산할 수 있어요.)

거실과 주방은 화이트로 하고, 안방은 베이지, 아기방과 옷방은 민트색 벽지를 선택했어요. 실물을 보지 않고 인터넷으로 주문하는 거라 베이지 톤은 밝기나 채도 등을 알기가 힘들었어요. 그래서 가능한 실제 사진과 구매 후기를 많이 보고 블로그에서도 벽지에 대한 포스팅을 꼼꼼히 읽어보았어요. 다행히 실제로도 제가 생각했던 느낌과 비슷했고, 벽지 시공이 완성된 후 다시 찾은 집은 예전보다 훨씬 밝고 좋은 기운이 느껴졌어요. 벽지 하나만 바꿨는데도 그 효과는 최고였지요. 마지막으로 입주 청소로 묵은 때까지 벗겨내니 우리 가족이 지내기에 딱 좋은 공간이라는 느낌이 들었습니다.

입주 전의 모습.

그땐 이렇게 애정을 가지고

이곳을 꾸밀 거라곤 생각하지 못했다.

저는 부동산에서 시공업체를 소개받았어요. 부동산에서는 도배나 바닥 교체, 입주 청소를 직접 하는 분들의 연락처를 알고 있는 경우가 많고, 이분들은 직접 시공을 하기 때문에 인테리어 업체보다 훨씬 저렴한 가격에 진행할 수 있습니다.

## ∴ 집을 구할 때 유심히 보는 항목 ∴

전셋집은 큰 공사를 하기가 부담스럽기 때문에 가능하면 최소한의 비용으로 집의 분위기를 바꿀 수 있는 곳을 선택하려고 해요. 몇 가지 항목을 통해서 그 기준을 판단하는데, 제가 판단하는 기준을 알려드릴게요.

### 1. 몰딩

몰딩은 집 안의 분위기를 좌우하는 중요한 요소예요. 저는 개인적으로 모던하면서 내추럴한 스타일을 좋아하고, 가구 역시 모던한 스타일이 많기 때문에 심플하고 밝은 계열의 몰딩을 선호해요. 몰딩이 너무 크고 클래식한 모양으로 되어 있으면 저희 가구나 제 취향에 맞지 않기 때문에 배제하는 편이에요. 화이트에 심플한 몰딩을 가장 선호하지만, 오래된 아파트에서는 찾아보기 힘든 경우가 많아 내추럴한 느낌을 주는 밝은 오크색 계열의 몰딩까지는 선택지에 올려놓는 편입니다.

### 2. 바닥

대부분의 바닥 마감재(마루, 타일 등)는 철거와 교체 비용이 무척 많이 들기 때문에 있는 그대로를 잘 활용해야 합니다. 보통은 몰딩과 바닥이 비슷한 분위기로 정해지는 경우가 많아서 바닥도 마찬가지로 체리색이나 노란빛이 많이 도는 메이플색은 피하는 편입니다. 밝고 차분한 오크색 계열의 마루를 선호하는데, 색이 얼추 맞다면 오래되어 보이더라도 선택합니다. 어차피 바닥은 가구나 러그 등으로 가릴 수 있기 때문에 부분적으로 흠집이 있거나 낡았더라도 전체적인 컬러 톤이 맞는지가 훨씬 중요하기 때문이지요.

## 3. 아트월

요즘 아파트는 대부분 아트월을 가지고 있습니다. 심플하고 깔끔한 대리석이나 타일로 되어 있다면 더할 나위 없이 좋겠지만, 간혹 예전에 유행했던 산호초 같은 돌로 되어 있는 곳도 있어요. 이렇게 석재로 된 아트월은 철거하기도 힘들고, 전문가의 도움 없이 셀프로 바꾸기가 힘들기 때문에 선택지에서 제외합니다. 대신 패브릭 알판이나 우드 패널, 벽지로 되어 있는 아트월은 비교적 어렵지 않게 손볼 수 있어서 선호합니다.

## 4. 벽지

사실 벽지까지 모두 마음에 드는 집은 거의 없습니다. 그래서 저는 대부분 제 돈을 들여서라도 벽지는 새로 하는 편이에요. 벽지는 비용 대비 효과를 크게 볼 수 있는 마감재이기 때문이지요. 벽지만 깔끔하게 새로 해도 집 전체 분위기가 달라지면서 새집처럼 보일 수 있거든요. 그런데 가끔씩 거실 복도에 허리까지 올라오는 높이에 나무색 몰딩으로 마감된 집이 있어요. 몰딩을 철거하는 데 비용도 많이 들고, 또 몰딩을 그대로 두고 벽지만 새로 한다고 해도 내가 원하는 깔끔한 분위기가 나지 않을 수 있어서 이 또한 선택지에서 제외하는 편입니다. 차라리 벽면이 아트월이나 특별한 마감재 없이 모두 벽지로만 되어 있는 집은 벽지만 새로 바꾸면 큰 변화를 줄 수 있어 그런 집을 선호합니다.

# 셀프 인테리어를 하는
# 능력자?

저는 10년 동안 인테리어 회사에서 일을 했습니다. 제가 일했던 회사는 주로 호텔이나 오피스 같은 상업 공간의 인테리어를 진행했어요. 상업 공간은 대중적이고 객관적인 디자인을 주로 하는 터라, 개인의 취향이 존중되는 주거 공간과는 성격이 많이 달랐죠.

디자이너라는 명함을 가지고 있었지만, 결혼 전까지만 해도 제 집은 평범한 원룸이었어요. 원룸이라 좁기도 했고, 별다르게 꾸밀 수 있는 공간도 없어서 가구나 소품으로만 조금씩 꾸미는 정도였어요. 당시 유행했던 비즈 커튼을 달아보기도 하고, 커다란 꽃무늬 벽지를 셀프로 시공하는 정도였죠. 그러다 결혼을 하면서 이번에야말로 디자이너로서 멋지게 집을 꾸며보리라 다짐했답니다.

호기롭게 시작했지만 제가 원하는 인테리어를 전부 구현하기에는 비용이 많이 들었어요. 최대한 공사 비용을 줄이기 위해 가장 눈에 거슬리는 몰딩과 벽지, 아트월을 새로 하는 것으로 인테리어 영역을 정하고, 나머지는 가구와 소품으로 꾸미기로 했지요. 그렇게 완성된 신혼집은 모던하면서 군더더기 없는 깔끔한 스타일이었어요.

집이라는 공간은 그 어떤 전문가보다

그곳에 사는 사람이 더 잘 알고, 더 멋지게 꾸밀 수 있다.

그 공간에 사는 사람은 결국 '나'이기 때문이다.

나에 대해서 더 집중하고 고민하고,

그것을 바탕으로 집 꾸미기를 시도한다면

누구라도 셀프 인테리어 능력자가 될 수 있다.

2년 뒤 신혼집을 떠나게 되었고, 지금 이곳으로 이사를 오고 제 손으로 직접 집을 꾸며보자 했지만 어려운 일이었습니다. 오래된 아파트를 공사 없이 변화를 주기는 쉽지 않았어요.

처음에는 실수투성이었어요. 처음으로 해본 셀프 페인팅도, 실리콘 쏘기도 익숙하지 않아서 여기저기 튀고 난리도 아니었죠. 호기롭게 해외 직구를 통해 구입한 쿠션과 카펫은 사이즈가 안 맞거나, 막상 받아보니 우리 집과 어울리지 않아서 오랫동안 창고에 묵혀두기도 했고요. 그렇게 여러 번의 시행착오를 통해서 조금씩 마음에 드는 저희 집의 모습을 만들 수 있었어요.

저는 지금도 소파 쿠션을 어떤 패턴으로 바꿔보면 좋을지, 침실 테이블 스탠드를 거실 스탠드와 바꿔보면 어떨지, 항상 생각합니다. 인터넷에서 좋은 이미지를 발견하면 저장해두고, 잡지에 멋진 인테리어가 나오면 사진을 찍어두고요. 그런 모든 노력이 이제 제게는 가슴 설레는 일이 되었습니다.

방송인 중 박나래 씨를 좋아한다.

특유의 재치와 센스가 좋기도 하지만

그녀만의 스타일로 꾸민 집을 보고

그녀의 매력에 빠져버렸다.

그녀의 집은 '나래바'로도 유명하다.

그곳에 지인들을 초대해서 유쾌하고 솔직한 시간을

보내는 것이 그녀의 라이프 스타일이다.

작은 평수의 빌라에 살 때도

방에는 그녀의 취미인 디제잉을 할 수 있도록 만들었다.

공간이 작다고 포기하지 않고

그 안에서 할 수 있는 최선을 다해

그녀의 라이프 스타일을 담아

집을 꾸민 것이 참 멋져 보였다.

이사를 할 때마다 그녀가 추구하는 나래바는

늘 집의 중심을 차지했고,

명확하게 자신을 담아 꾸민 집은

그 어떤 집보다 매력적으로 느껴졌다.

집에 대해 곰곰이 생각해보면

그 중심에는 언제나

'나 자신'이 있다는 것을 깨닫게 된다.

집은 내 모든 생활의 중심에 있는 곳이니까.

내가 가장 솔직한 모습으로

있을 수 있는 공간이기도 하고,

내가 좋아하는 것, 취미, 취향, 스타일 등

나의 모든 것을 담아서 꾸민 집.

그런 집이야말로 가장 좋은 집이 아닐까?

# 장판이지만 괜찮아

이 집으로 이사 올 때 벽지와 함께 꼭 바꾸고 싶은 마감재가 있었어요. 바로 방마다 깔린 장판이었어요. 아마도 아파트를 처음 분양할 때 기본으로 깐 듯 보이는 오래된 노란색 장판이었죠. 집을 알아볼 때도 바닥이 마음에 들지 않았지만, 다른 부분을 보고 감수하기로 했어요.

그런데 막상 이사를 하고 가구를 옮겨놓고 보니 바닥이 너무 오래된 노란 장판이어서 가구와 커튼까지도 올드해 보이는 거예요. 당장은 출산일도 다가와서 몸도 마음도 여유가 없었기에 한동안은 예전에 사용하던 러그를 깔고 지내보기로 했습니다. 그렇게 이사한 지 일 년 정도 지나니 더 이상은 안 되겠다 싶어 바닥을 바꾸기로 결심했습니다.

바닥재는 여러 종류가 있지만, 전셋집이기 때문에 큰돈을 투자하기는 어려웠어요. 그래서 최소한의 비용으로 최대한의 효과를 낼 수 있는 방법을 찾아보았어요.

먼저 인터넷에서 가장 저렴한 가격의 바닥재에 대한 정보를 검색했어요. 바닥재는 강마루, 강화마루, 데코타일, 장판 등 여러 종류가 있는데, 자재비와 시공비를 모두 따졌을 때 저렴하면서도 너무 싼티가 나지 않을 마감재를 선택해야 했지요.

바닥 바꾸기 전의 모습.

가격적인 면에서 일명 '장판'이라고 불리는 PVC 바닥재가 가장 저렴했어요. 게다가 최근에 나온 제품들은 지금의 노란색 장판과는 다르게 예쁜 패턴으로 되어 있어서 주저 없이 장판으로 결정했습니다.

바닥재 종류를 정한 후에는 어떤 패턴을 선택할지 결정해야 해요. 인터넷 블로그 등에 '아파트 장판 교체'라고 검색하고 포스팅과 후기를 꼼꼼히 살펴봤습니다. 그러다 딱 눈에 들어오는 디자인이 있었어요. '화이트 워시 오크' 컬러에 헤링본 패턴으로 된 장판이었는데, 사진상으로는 장판이 아니라 마치 마루를 깐 것처럼 깔끔해 보였어요. 침대도 화이트고 전반적으로 밝은 분위기를 좋아했던 터라 노란빛이 도는 마루 패턴보다 밝은 화이트 계열이 마음에 들었습니다.

마음에 드는 장판의 모델명을 확인하고 가격을 알아보았어요. 요즘에는 장판도 인터넷으로 쉽게 구매할 수 있는데, 미터 단위로 필요한 만큼 구매할 수 있어요. 각 방의 면적을 계산해서 가격을 알아보니 대략 10만 원 정도면 충분할 것 같더군요.

처음에는 셀프로 시공해볼까 생각했어요. 여러 블로그에도 셀프로 장판을 시공한 포스팅이 눈에 띄었고, 아무래도 비용을 아끼려면 장판만 사서 셀프로 시공하는 편이 가장 저렴했으니까요. 하지만 시공법을 알아보니 장판은 롤로 되어 있어서 길이가 길고, 또 평편하게 시공하기가 쉽지 않겠더라고요. 특히나 장판은 잘못 시공하면 바닥이 들뜨거나 이음새가 엉망이 될 수 있어서 결국 전문 시공업자에게 의뢰하기로 결정했습니다.

곧바로 인터넷으로 집 주변의 장판 시공업체를 몇 군데 찾아서 전화해 보았어요. 미리 재둔 방 사이즈를 이야기하고 장판 모델을 이미 정해놓았으니 그 제품으로 견적을 달라고 요청했어요. 그중 한 곳에서 자재비와 시공비를 포함해서 45만 원에 견적을 받았고, 곧바로 시공 날짜를 정했습니다.

방마다 가구가 있었지만 큰 가구 몇 가지만 옮기면 되는 거라 순조롭게 진행되었고, 4시간 정도 만에 모든 작업이 마무리되었습니다. 역시 전문가의 시공은 달랐어요. 이음새도 티가 안 나도록 꼼꼼하게 붙여주었고, 걸레받이와 맞닿는 부분도 전혀 어색함이 없었어요. 무엇보다 장판이라는 티가 나지 않도록 평편하고 고르게 시공되었어요. 비록 적지 않은 금액이었지만, 45만 원으로 새로 단장한 느낌이 확 나니 기분이 좋았습니다. 만약 비용을 아낀다고 셀프로 시공했다면 이런 결과는 얻지 못했을 것 같아요. 어쩌면 중간에 지쳐서 포기하고 말았을 테지요.

집에 대한 사진을 SNS에 올릴 때면 바닥이 마루냐고 물어보는 분들이 많았어요. 그럴 때면 가성비가 뛰어난 디자인을 잘 선택했다는 것에 스스로도 만족하며 혼자 어깨를 으쓱하곤 했지요. 굳이 러그를 깔지 않아도 될 만큼 헤링본 패턴이 안정적이고 세련된 느낌을 주었고, 깔끔하면서 차분한 화이트오크 컬러는 기존의 가구나 여러 가지의 소품과도 무난하게 어울려 훌륭한 베이스 역할을 했습니다.

무엇보다 아늑하고 차분한 분위기의 침실은 힘든 하루를 제대로 마무리하며 쉴 수 있도록 도와주었어요. 바닥재를 바꾼 것만으로도 공간의 분위기가 바뀌었고, 그곳에서 생활하는 저의 마음가짐이나 생각도 달라져서 한결 행복해졌습니다. 이제 침실은 우리 집에서 제가 가장 좋아하는 공간이 되었습니다.

저는 벽지나 장판 교체, 단순 필름 작업 등은 직접 업체를 찾아서 시공을 의뢰
해요. 인테리어 업체도 직접 시공하는 것이 아니라 전문 업체에 각각의 공정을
맡기기 때문에 직접 연락하면 훨씬 저렴한 가격에 시공을 맡길 수 있습니다.
문제는 전문 시공업체의 연락처를 알기 힘들다는 것이죠. 또 연락처를 알게 되
었다고 해도 꼼꼼하게 시공을 잘하는지 검증할 수 있는 방법이 없기도 하고, 나
중에 하자가 생기면 보수를 받는 데 어려움이 있을 수도 있어요. 그래서 직접
시공업체를 찾을 경우에는 주변의 추천을 받거나 인터넷으로 후기를 꼼꼼하게
보고 신중하게 결정해야 합니다.

저는 주로 인터넷을 통해 알아보는데, 예를 들어 '분당 장판 교체'라고 지역과
시공할 분야를 함께 검색하면 그 지역의 전문 시공업체가 쓴 블로그나 카페 글
을 찾아볼 수 있어요. 내용을 꼼꼼히 살펴보고 괜찮다고 생각되는 업체의 견적
을 받아요. 요즘에는 '숨고'나 '집닥'처럼 인테리어 시공업체 플랫폼도 있으니
활용해보면 쉽게 여러 업체의 정보를 얻을 수 있습니다.

또 다른 방법은 동네 부동산에 가서 물어보는 거예요. 특히 벽지나 장판 등은
집주인이 세를 놓기 위해 자주 바꾸는 경우도 있기 때문에 부동산에서는 시공
업체의 연락처를 알고 있는 경우가 많이 있거든요. 어떤 업체가 꼼꼼하게 일을
잘하는지 알려주는 경우도 있으니, 부동산에서 추천해주는 업체에 일을 맡겨
보는 것도 비용적인 면에서 저렴하고, 어느 정도 검증도 되었기 때문에 괜찮다
고 생각이 듭니다.

바닥재는 공간에서 매우 중요한 역할을 해요. 벽에 비해 눈에 잘 띄지는 않지만 바닥재가 중심을 잘 잡아주어야 그 공간의 분위기가 살아나면서 안정돼 보이거든요. 특히 편안함이 기본이 되는 집이라는 공간에서는 패턴이 있거나 튀는 소재를 잘 사용하지 않기 때문에 기본에 충실하면서 아름다운 바닥재를 찾아야 합니다. 바닥재는 비용도 비싸서 한번 시공하면 쉽게 바꿀 수도 없기 때문에 신중하게 선택해야 하고요.

요즘에는 바닥재로 마루와 타일을 많이 사용하고 있어요. 타일은 세련되고 도시적인 이미지를 주고, 마루는 편안하고 따뜻한 느낌을 주기 때문에 서로 다른 매력이 있지요. 저는 아직까지는 마루의 느낌이 좋아요. 나무가 주는 따뜻함이 집이라는 공간과 잘 어울린다고 생각하거든요. 그래서 거실만큼은 마루로 된 집을 선호합니다.

예전에는 외국에서 카펫을 집 안에 깔아둔 모습이 예뻐 보여서 잘 쓰지 않는 방 하나에 아주 커다란 러그를 깔아본 적이 있어요. 하얗고 보슬보슬한 느낌이 포근해 보였지요. 하지만 시간이 지나자 때도 잘 타고, 먼지도 많이 나고, 좌식 생활을 하는 생활 방식과는 맞지 않아서 결국 치워버렸어요.

바닥재는 소재에 따라 특징이 분명하기 때문에 라이프 스타일을 생각해서 결정하는 것이 좋아요. 폴리싱 타일은 미끄럽고 단단하기 때문에 아이나 강아지를 키울 때는 위험할 수 있어요. 마루는 긁힘이나 찍힘, 습기에 약해서 타일보다 신경을 많이 써야 하고요. 소재의 장단점을 파악한 후 가족의 라이프 스타일과 잘 맞는 바닥재를 선택해야 합니다.

바닥재는 종류도 워낙 많고, 한 종류 안에서도 선택해야 할 것이 많아서 인테리어를 할 때 여간 머리 아픈 부분이 아닐 수 없는데, 가정에서 가장 많이 쓰는 바닥재 몇 가지를 정리해보았어요.

**1. 마루**

마루는 우리나라에서 흔하게 쓰는 바닥재입니다. 종류도 많고, 정서적으로 친근한 소재라 쉽게 선택하는 소재입니다. 오크, 월넛, 티크 등 나무의 종류에 따라 색상이나 패턴, 가격이 다릅니다.

① 원목마루

원목마루는 합판을 겹겹이 쌓고, 그 위에 2~5mm 정도 되는 원목을 올린 것입니다. 마루 중 가장 고급스럽고 나무의 질감과 색감을 그대로 구연해서 심미성이 높지만, 가격이 비싸고 찍힘이 발생할 수 있습니다.

② 합판마루

합판마루는 원목마루와 비슷하지만 원목이 얇은 무늬목 정도라고 생각하면 됩니다. 요즘엔 무늬목 두께가 두꺼워서 웬만한 원목마루처럼 단단하고, 겉보기에도 원목마루처럼 보입니다. 원목마루보다는 가격이 저렴하고 열전도율이 좋지만, 원목마루와 마찬가지로 찍힘 현상이 발생할 수 있습니다.

③ 강마루

강마루는 합판과 합성수지로 하지를 만들고, 그 위에 나무 느낌이 나는 필름지

를 덧댄 거예요. 얼핏 보면 원목인가 싶긴 하지만 자세히 보면 인위적인 느낌이 날 수 있습니다. 사이즈는 거의 원목마루와 비슷하게 나와 제품에 따라 헤링본 시공도 가능합니다.


④ 강화마루

강화마루는 두꺼운 고밀도 섬유판 위에 나무 느낌의 필름지를 덧댄 제품이에요. 비접착식으로 시공되다 보니 사이즈가 커서 인위적인 느낌이 강마루보다 많이 나요. 가격은 가장 저렴해서 가정집에 많이 사용되는 제품입니다.

많은 분들이 강마루와 강화마루의 차이를 묻는데, 가장 큰 차이는 강마루는 바닥에 본드를 칠하는 접착식이고, 강화마루는 클립처럼 끼우는 비접착식이에요. 그러다 보니 강화마루는 사이즈가 큰 게 특징이고, 혹시 물이 많이 스며들었다면 나중에 제품에 수축 팽창이 일어날 수 있어요. 가격은 강화마루가 제일 저렴하지만 내구성은 가장 좋아요.

저는 예산이 가능하다면 좋은 원목마루를 추천합니다. 원목마루는 확실히 강마루나 강화마루처럼 필름지를 덧댄 마루와는 차이가 나거든요. 인위적인 필름지가 줄 수 없는 자연의 깊이감을 느낄 수 있고, 특히나 결이 살아 있는 원목마루는 시간이 지날수록 아름답게 느껴지기 때문이에요.

## 2. 타일

타일은 점토질 소성제품으로 시공 후에 변색이나 균열 등이 거의 없고, 내구성이 강해 바닥재로는 물론 화장실, 주방 등에도 많이 사용됩니다. 열전도율이 우수해 겨울에는 따뜻하게, 여름에는 시원하게 온도를 유지할 수 있습니다. 패턴이나 종류가 다양해서 선택의 폭이 넓고, 최근에는 대리석 대용으로 많이 쓰일 만큼 고급스러운 느낌의 타일도 많이 찾아볼 수 있습니다.

## 3. 대리석

천연석을 연마하고 판형 상태로 만든 대리석은 가격이 비싸고, 시공비 또한 다른 자재에 비해 비쌉니다. 천연석 특유의 고급스러움이 특징이며, 우수한 내구성으로 오랜 시간 사용할 수 있습니다. 밝은색의 대리석일 경우 진한 액체를 흘렸을 때 흡수해서 얼룩이 남을 수 있고, 시간이 지남에 따라 광택이 사라져 심미성이 떨어질 수 있어서 일부 대리석은 주기적으로 연마 작업을 해주어야 합니다.

## 4. PVC 시트

흔히 '장판'이라고 불리는 바닥재로, 저렴한 가격과 다양한 종류로 많이 시공되고 있습니다. 바닥과 밀착 시공되어서 열전도율이 우수하지만 표면 강도가 약하기 때문에 찍힘이나 흠집이 쉽게 생깁니다.

# 집 안에
# 예쁜 구석 하나쯤 만들기

바닥을 바꾸고 난 후 침실은 제가 가장 좋아하는 휴식 공간이 되었어요. 그런데 침실은 주로 늦은 밤이 되어서야 머무는 공간이기 때문에 실제로 많은 시간을 보내지는 않았어요. 물론 집 안을 오가다 아늑하고 포근한 침실을 보는 것만으로도 힐링이 되고 기분이 좋아졌지만, 집에서 가장 많은 시간을 보내는 공간인 거실도 변화를 주면 좋겠다는 생각을 갖게 되었습니다.

하지만 아이가 아직 어렸기 때문에 거실 바닥에는 놀이방처럼 매트가 깔려 있었고, 아이 장난감과 책으로 꽉 차 있었지요. 현실적으로 당분간 거실을 바꾸기가 쉽지 않아 보였어요. 그런데 때때로 아쉬운 생각이 들곤 했어요. 아이를 위해 거실 분위기를 포기했다고 생각은 하면서도, 그래도 집에서 가장 중심이 되는 공간인데 항상 아이 용품으로 꽉 차 있는 거실을 볼 때면 저도 모르게 답답하게 느껴지고, 늘 집 안이 정돈이 안 된 것처럼 느껴져 불편한 마음이 있었거든요. 거실 전체에 변화를 주기는 힘들지만, 그래도 제가 좋아하는 공간 하나쯤은 있으면 좋겠다는 생각이 들었어요.

그러던 어느 날 벽면 하나가 눈에 들어왔어요. 안방과 옷방 사이의 벽면인데, 현관에서 들어오면 바로 마주 보이는 곳으로 폭이 1.2미터 남짓 되었어요. 아무 의미 없는 커다란 결혼 사진만 덩그러니 놓여 있던 그 벽을 바꿔보자는 생각이 들었습니다.

언젠가 벽에 선반을 달고 액자나 소품으로 아트월을 꾸민 이미지를 본 것이 떠올랐습니다. 크게 어려워 보이지도 않아서 곧바로 적용해볼 수 있을 것 같았어요. 선반 두 개 정도만 달고 액자나 몇 가지 소품만 놓으면 되는 것이니까요.

벽 사이즈를 재고 선반을 알아봤어요. 인터넷 검색을 해보니 이케아에서 제가 찾던 선반을 쉽게 찾을 수 있었고, 사이즈도 벽면에 딱 맞았어요. 선반을 구입하고 남편에게 설치를 부탁했는데, 콘크리트 벽이라 드릴로 뚫는 것이 쉽지는 않았지만 몇 차례 실패를 하고는 결국 선반을 설치하는 데 성공했습니다.

아트포스터를 몇 가지 고르고, 선반 높이에 맞는 액자도 골랐어요. 액자 사이즈와 아트포스터의 분위기는 각기 다르게 해서 리듬감을 주되, 전체적인 분위기는 차분하면서도 편안한 이미지로 선택했어요.

액자 제작까지 완성되어 선반에 액자를 놓고 작은 화병도 놓으니 이미지에서 보았던 멋진 아트월이 완성되었습니다. 하얀 벽지 배경에 하얀색 선반, 거기에 각기 다른 디자인과 색감의 아트포스터를 놓으니 모던한 분위기를 가진 아트월이 되었어요.

작은 벽 하나가 주는 변화는 놀라울 정도로 큰 만족감과 위안을 주었어요. 침실 문을 열면 바로 만나는 곳이기 때문에 자연스럽게 침실과 연결되어 두 공간이 더 매력적으로 보였습니다.

또 집에 들어오면 제일 먼저 시선이 닿는 공간이라 우리 집을 대표하는 공간처럼 느껴졌고, 거실이 아이 장난감으로 어질러져 있어도 아트월만 보면 기분이 나아지기도 했고요. 예쁜 꽃을 살 때도 아트월에 꽂아놓고, 때때로 액자 안의 포스터도 바꿔주면서 가장 신경 쓰는 공간이 되었습니다. 그렇게 오랫동안 아트월은 저희 집의 매력 포인트가 되었습니다.

# SCENT OF SPRING

spring,
able to overcome together
udio

인테리어는 거창한 것이 아니다.

내가 무엇을 좋아하는지부터 시작하면 된다.

시선을 끄는 포스터, 패션과 공간 등

좋아하는 콘셉트의 이미지 사진 몇 장을 붙여놓으니

그것만으로도 마음에 쏙 드는 벽이 되었다.

# 침실에 대하여

신혼 때부터 침실에 대한 로망이 있었어요. 바로 호텔 같은 침실이었죠. 정확히 말하자면 문을 열고 들어갔을 때 보이는 벽면의 정중앙에 침대 헤드가 놓여 있고, 그 옆에는 스탠드가 있고, 맞은편에는 TV와 안락의자가 있는, 오직 휴식의 기능에 최적화된 침실이었어요.

그 로망을 실현하기 위해 신혼집에서는 과감히 붙박이장을 철거하고 침대와 TV, 안락의자와 스탠드만으로만 꾸몄어요. 심플하면서도 저희 부부가 휴식을 취하기에 딱 좋은 분위기였어요.

이사 후에도 그 생각을 포기할 수 없었기에 방 세 개 중에서 하나는 침실, 하나는 아이방, 하나는 옷방으로 정했어요. 가능한 모든 짐은 옷방에 수납한 후 침실은 이번에도 침대와 TV, 안락의자와 스탠드만으로 꾸몄어요.

추후 아이방을 다시 정리하면서 아이방에 있던 책장이 안방으로 들어오고, 옷방에 있던 작은 서랍장과 빈백체어도 넘어오게 되었죠. 조금 꽉 차긴 했지만 여전히 제가 원하는 침실 분위기는 흐트러지지 않은 채 유지할 수 있었어요.

책장을 놓으니 침실이 더 아늑해지고, 하루 일과를 마친 후 스탠드를 켜고 빈백체어에 앉아서 잠깐이라도 책을 읽는 시간이 그렇게 행복할 수가 없더군요. 저는 책을 읽을 때나 영화를 볼 때면 빈백체어에 앉는데, 편안하게 몸을 지탱해주면서도 감싸주어서 여유로운 시간을 즐기는 데 큰 역할을 하는 중요한 아이템이에요.

요즘은 TV가 가족 간의 대화를 방해하고, 또 아이 교육상 좋지 않다며 놓지 않는 집이 늘고 있지요. 그런데 저희 집은 거실과 침실에 각각 2대나 있어요. 저희도 이제 아이도 생겼으니 없앨까 진지하게 고민했던 때가 있었는데, 결국 없애지 못하고 지금까지 함께하고 있습니다.
저는 TV가 주는 유쾌한 웃음이 힐링이 될 때가 있더라고요. 비록 집이어도 매일 늦은 밤까지 작업을 하고 나면 침실로 '진짜 퇴근'을 하는 기분이 들었어요. 침대 혹은 빈백체어에 앉아서 잠깐씩 TV를 보며 어느샌가 깔깔거리고 웃고 있을 때면 소확행을 누리는 느낌이랄까요.

어느 주말, 햇살이 잘 비치는 나른한 오후에 아이는 침대에 기대 애니메이션 영화를 보고, 저는 그 옆에서 책을 보았어요. 적당히 들어오는 햇빛과 옆에서 들리는 아이의 웃음소리, 그것만으로도 충분히 행복하다고 느끼는 순간이었습니다.

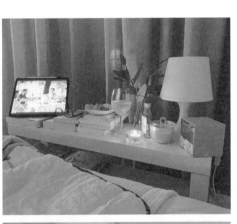

# 침실 스타일링에 대하여

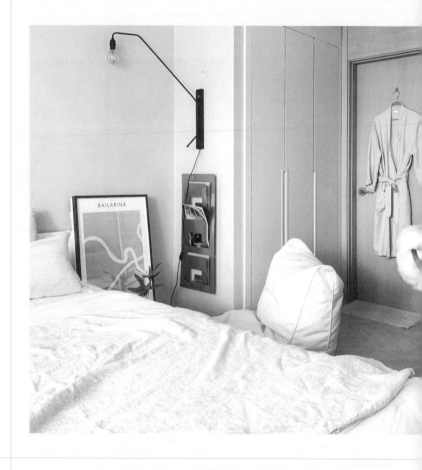

요즘 '호캉스'를 즐기는 분이 많죠. 여러 가지 이유가 있겠지만, 무엇보다 쾌적한 호텔 침구를 이유로 꼽는 분들이 많아요. 저 역시도 구김 하나 없이 잘 정돈된 뽀송뽀송한 하얀 이불을 덮고 있으면 금세 기분이 좋아지더라고요. 호텔마다 갖고 있는 기분 좋은 특유의 향, 투숙객을 환영하는 듯한 어메니티를 보면 대접받는 느낌이 들고요.

저는 침실이 그런 공간이기를 바랐습니다. 오늘 하루 애쓴 나에게 위로가 되는 소중한 공간이요. 좋은 일이 있었든, 힘든 일이 있었든 모든 걸 다 포용해주고, 내일은 더 좋은 날이 될 거라는 믿음을 갖게 하는 그런 공간 말이지요.

결혼할 당시에 호텔 침구가 유행하기 시작한 터라 저도 주변의 조언을 얻어 침구 소재가 좋다는 SEDEC이란 곳에서 프리미엄 구스 충전재와 침구 커버를 화이트, 차콜, 핑크 등의 세 가지 색상으로 구매했어요. 한동안은 정말 호텔에서 자는 듯한 편안함을 느끼며 지냈는데, 시간이 지나면서 깃털 빠짐 현상이 나타나고, 먼지도 많이 날리는 것 같았어요. 새하얗던 커버는 날이 갈수록 아이보리 컬러가 되었고, 시크

할 것 같던 차콜 컬러는 침실을 칙칙하게 만드는 것 같아 한두 번 사용하고 말았죠.

그리고 아이가 태어나면서 제가 선택한 침구는 면 100%의 겉감에 폴리에스테르 충전재가 들어 있는 화이트 차렵이불이었어요. 아무래도 예전에 쓰던 거위털 침구는 먼지 날림이 많고, 세탁할 때마다 커버를 갈아 끼워야 하는 등 여러 가지로 관리가 힘들더라고요. 이것저것 써보다가 정착한 것이 차렵이불이었어요. 적당한 두께의 차렵이불은 통풍이나 보온성이 뛰어나서 사계절 내내 사용해도 부담이 없고, 적당한 볼륨감으로 침실을 포근하게 만들어주거든요.

그렇게 화이트 침구로 단정한 스타일을 유지하고 지내던 어느 여름날, 꽃시장에 들렀다가 초록잎이 가득한 나뭇가지를 사와 침실에 놓았는데 그때의 분위기가 너무 좋아서 침실에 색을 더해서 변화를 좀 주어야겠다는 생각이 들더군요.

그래서 동대문에서 블루 컬러의 린넨 원단을 사다가 마감 박음질만 해서 베드러너를 만들었어요. 싱그러운 초록 잎사귀와 깊은 바다색의 블루 러너가 더해지니 여유로운 휴양지에 온 듯한 분위기를 만들어주었어요. 창문을 열고 침대 위에 가만히 앉아 있으니 후텁지근한 여름날의 바람도 여유롭게 느껴지더라고요.

그때 이후로 계절이 바뀔 때나 변화가 필요할 때 베개 커버나 러너, 액자 등을 바꿔주면서 침실 분위기를 바꾸곤 해요. 가을에는 붉은 벽돌색 러너에 갈댓잎을 꽃병에 꽂아보고, 봄에는 노란색 러너에 꽃 액자를 놓아 화사하면서 싱그러운 느낌을 내보고요.

특별한 소품이 많이 필요하지도 않아요. 색상이나 패턴이 다른 러너 한 두 장(러너는 특별하지 않고 싱글 사이즈의 린넨이나 면, 울 등으로 만든 홑이불이면 돼요), 베개 커버, 아트포스터나 가끔 한 번씩 사 오는 계절감이 느껴지는 꽃만 있어도 충분히 다양한 분위기로 연출할 수 있거든요.

물론 본인의 취향대로 잘 꾸민 침실이라면 굳이 때때로 변화를 주지 않아도 그 익숙함과 편안함이 좋을 수 있어요. 하지만 저는 조금씩 더 신경을 써서 변화를 주면 일상의 만족감이 높아지는 것을 느낍니다.

## 1. 편안하고 안락한 무채색 컬러

침실에서 화이트 베딩은 분위기를 환하고, 때로는 로맨틱하게 만들어주는 최상의 컬러입니다. 하나쯤 가지고 있으면 다른 침구와 조화시키기도 쉽고, 여러 모로 쓸모가 많은 컬러입니다.

화이트 침구라고 다 같은 느낌을 내는 것은 아니에요. 디자인에 따라서, 소재에 따라서 여러 가지 다른 느낌을 낼 수 있습니다. 테두리에 다른 컬러가 더해진 디자인은 모던한 느낌을 주고, 물결 모양의 주름 장식 디자인은 러블리한 느낌을 주고, 지그재그 패턴의 박음질이 있는 차렵이불은 좀 더 경쾌한 느낌을 줄 수 있어요.

내추럴한 베이지나 웜그레이 톤은 자연을 닮은 색상으로, 기분 좋고 편안한 휴식의 분위기를 완성시켜 줍니다. 특히 린넨 소재가 침구로 인기를 끌면서 시각적으로 자극적이지 않고 아늑한 느낌을 주는 내추럴 톤이 많은 사랑을 받고 있는데, 톤온톤으로 비슷한 계열을 함께 섞거나, 주변에 식물을 놓거나, 에스닉한 패턴의 소품을 함께 매치하면 더욱 매력적인 공간으로 연출할 수 있습니다.

## 2. 개성 있는 공간을 만들어줄 패턴

침실은 눈이 피로하지 않도록 편안함과 안락함이 우선이라고 해도 한 번씩 분위기를 바꿔주는 데는 화려한 패턴이 있는 침구만 한 게 없는 것 같아요. 특히나 여름에는 보고만 있어도 시원한 보태니컬 패턴의 침구로 교체해주면 휴양지 느낌이 나거든요. 베이직한 단색의 침구를 기본으로 두고, 패턴이 있는 이불 커버를 한두 개 가지고 있으면 가장 쉽게 침실 분위기를 바꿀 수 있습니다.

잔잔한 꽃무늬 패턴은 감성적이면서 화사한 분위기가 나고, 커다란 스트라이프 패턴은 경쾌하면서도 시원한 느낌을 연출할 수 있어요. 크고 강렬한 패턴의 침구를 사용할 때 볼드한 느낌의 테이블 스탠드나 화병 등을 옆에 함께 놓으면 부띠끄 호텔 같은 느낌이 나고, 침구의 포인트가 되는 색상을 커튼과 동일하게 사용하면 통일감을 주고 공간의 안정감을 줄 수 있습니다.

### 3. 포인트가 되어줄 필로우

침구에서 필로우는 기능적으로도 꼭 필요한 것은 물론이고, 데코레이션 역할까지 하는 중요한 아이템입니다. 일인당 2개씩의 필로우를 배치해서 하나는 베개용으로, 또 하나는 헤드쿠션용으로 사용하면 누웠을 때 좀 더 아늑하고 풍성해 보입니다. 또 데코레이션 필로우를 한 가지 정도 놓는 것도 좋은데, 35×60 정도 사이즈의 기다란 모양에 침구와 보색이 되는 컬러로 포인트를 주면 격식 있는 느낌을 줍니다.

필로우는 침구와 함께 세트로 놓는 것도 좋지만, 침구와 다른 스타일로 연출하면 더 세련되어 보일 수 있어요. 침구가 패턴이 있는 원단이라면 필로우는 단색으로, 반대로 침구가 단색이라면 필로우는 패턴이 있거나 침구와 대비되는 컬러로 매치하면 감각적인 분위기가 완성됩니다.

### 4. 침구의 마법사, 베드 러너

필로우와 함께 침구에서 포인트 역할을 하는 것이 러너인데, 러너는 침대 위에 걸쳐놓는 장식용 패브릭을 말합니다. 똑똑한 러너 하나를 준비해놓으면 홑이불로도 사용할 수 있어 침실의 분위기를 쉽게 바꿔줄 수 있는 아이템이에요. 화이트 침구를 선호한다면 서너 장의 러너로 계절마다 바꾸어 사용해서 자칫 단조로워질 수 있는 침실에 개성을 부여해줄 수 있습니다.

러너는 컬러나 패턴 등 과감한 스타일을 선택해도 좋고, 차분한 모노톤의 단색도 안정감을 줍니다. 러너는 데코레이션의 성격이 강하기 때문에 다양한 소재를 시도해볼 수 있어요. 면, 울, 린넨, 폴리에스테르 등 이불로는 사용하기 부담스러웠던 소재도 러너에 사용해보면서 다양한 원단의 질감을 배치해보는 것도 추천합니다.

# 가성비 갑! 셀프 페인팅

인테리어 공정 중에 셀프로 할 수 있으면서 비용을 아끼고 효과가 좋은 것은 단연 페인팅일 거예요. 페인트는 시공법도 크게 어렵지 않아서 설명서에 있는 내용만 그대로 따라 한다면 초보자도 쉽게 진행할 수 있거든요.

다양한 컬러와 무광, 반무광, 유광 등의 마감에 따라서 다른 느낌을 줄 수 있어 여러 가지 표현을 할 수 있어요. 그뿐인가요? 기존 마감재 위에 덧칠할 수도 있고, 큰 면적도 어렵지 않게 바꿀 수 있어 인테리어를 바꾸고 싶을 때 가장 먼저 찾게 되는 마감재라 할 수 있지요. 비용적인 측면에서도 타 마감재에 비해 저렴한 편이어서 가성비와 가심비도 뛰어난, 셀프 인테리어에서 빠질 수 없는 자재예요.

사실 제가 집에서 가장 신경을 안 쓰는 공간이 있었어요. 바로 주방이었죠. 거실과 가벽으로 막혀 있어서 다른 공간에 비해 눈에 잘 띄지 않을뿐더러, 이제는 노랗게 변해버린 싱크대와 오랜 시간 물이 스며들어 군데군데 까맣게 변해버린 마룻바닥은 주방으로 가는 발걸음을 더 멀리하게 했거든요.

더군다나 제가 요리하는 것을 별로 좋아하지 않는 터라 주방 자체에 관심이 별로 없기도 했고요. 하지만 저희 집에는 아이가 생겼고, 저는 싫든 좋든 매일매일 음식을 만들어야 했어요. 매일 드나들어야 하는 공간이니 점차 저도 주방에 관심이 가기 시작했어요. 그리고 이왕 매일 있어야 할 공간이라면 조금 더 예쁘게 가꾸어야겠다는 생각이 들었습니다.

주방을 천천히 살펴보았어요. 주방에 있는 붙박이 가구인 싱크대는 상부장과 하부장으로 되어 있는데, 상부장은 화이트 하이그로시 마감으로 조금 누렇게 변색되었지만 나쁘진 않았습니다. 다행히 주방 타일도 무늬가 없는 기본 화이트 타일이어서 깨끗이 청소만 해주면 괜찮을 것 같았어요.

문제는 하부장의 시트지였어요. 한눈에 봐도 오래되어 보이는 나무 무늬 시트지는 주방을 더욱 낡아 보이게 했습니다. 주방 바닥은 여기저기 들뜨고 군데군데 까맣게 썩은 곳이 10년이 넘은 세월을 고스란히 간직하고 있었어요.

분위기를 바꾸기 위해 하부장의 시트지 위에 페인트칠을 하고, 바닥은 사이즈에 맞는 러그를 깔기로 했습니다. 페인트 컬러는 딥블루로 정했어요. 그때가 여름이어서 그랬는지, 네이비에 가깝지만 청량감이 드는 딥블루 컬러가 왠지 끌리더라고요.
또 원래 손잡이가 없는 하부장이었지만 골드 손잡이를 달아서 포인트를 주면 딥블루와 골드가 대비되어, 모던하면서 고급스러운 느낌이 날 것 같았습니다.

바로 다음 날 '던 에드워드'라는 페인트 매장을 찾았어요. 초보자라면 페인트 전문 매장을 추천해요. 이때 페인트칠할 부분을 사진 찍어서 가져가면 좋습니다. 되도록 자세히 여러 장 있으면 도움이 됩니다. 그러면 사진을 보고 페인트 양이나 종류, 필요한 도구나 부자재, 시공법까지 자세히 알려주거든요. 매장에서 페인팅할 때 필요한 것들을 한 번에 구입할 수도 있답니다.
저는 아이가 있어서 최대한 냄새가 안 나는 친환경 페인트를 선택했는데, 실제로 시공해보니 처음에는 조금 냄새가 났지만 몇 시간 지나니까 거의 사라졌어요. 발색력도 좋아서 자주 이용하고 있습니다.

저는 물이 많이 닿는 주방의 하부장에 페인팅할 것이라고 말하고, 외부용 페인트를 추천받아 구입했어요. 진한 컬러라 2회 정도만 칠해주면 될 것이라는 이야기를 듣고, 다른 부자재 도구와 보양 작업에 필요한 재료까지 함께 구매했습니다.

부분적으로 페인팅할 때는 칠하는 시간보다 보양 작업을 하는 시간이 더 오래 걸리기도 해요. 페인트칠할 부분의 주변에 페인트가 묻지 않게 비닐로 꼼꼼히 보양 작업을 하고, 바닥에도 페인트가 묻는 것을 방지하기 위해서 신문지나 비닐로 가려주어야 해요. 이 작업을 꼼꼼히 해야 나중에 다 칠했을 때 깔끔해 보이고 완성도도 높아 보이거든요.

보양 작업이 끝나고 프라이머를 칠했습니다. 프라이머는 페인트칠할 면에 페인트가 잘 부착될 수 있도록 도와주는 밑작업 역할을 합니다. 저처럼 시트지 위에 페인트칠할 때는 꼭 프라이머를 칠해줘야 시트지 위에 페인트가 잘 발리고, 오랫동안 떨어지지 않고 발색도 좋아져요. 특히 진한 색 가구나 방문, 벽지 위에 밝은색을 칠할 때는 먼저 프라이머를 1~2회 칠해주면 밑색상이 드러나지 않게 페인트 본연의 색을 잘 표현할 수 있다고 합니다.

저는 프라이머를 2회 정도 칠하고 2시간 정도 후에 페인트칠했어요. 기존 시트지는 밝은색이었고, 제가 칠할 페인트는 진한 컬러였기 때문에 시트지 색이 배어나거나 얼룩이 지지는 않았어요.
다행히 하부장은 굴곡이 없는 평편한 면이라 페인트칠은 어렵지 않았고, 3~4시간이 지나 페인트가 다 말랐을 때 미리 사두었던 금색 손잡이를 달았습니다. 보양 작업했던 테이프와 비닐도 다 뜯고, 러그도 깔아보니 예전 느낌과는 전혀 다른 분위기의 주방이 완성되었어요.

페인트와 손잡이, 러그를 합한 가격은 8만 원대. 시공한 시간은 마르는 시간을 포함해서 5시간 정도 걸렸어요. 이 정도 시간과 비용을 투자해서 얻은 결과치고는 꽤 괜찮아 보였습니다.

주방이 새로운 모습으로 변하니 예전보다 더 깔끔하게 정리를 하게 되었습니다. 그릇도 쌓이지 않게 바로바로 닦아서 수납장에 넣고, 요리를 하고 나면 가스레인지도 바로 닦아서 기름때가 끼지 않도록 관리했지요. 물론 새 집의 주방 같지는 않지만, 제 손으로 만들어낸 주방이 조금씩 좋아지기 시작했습니다.

**TIP**

요즘 의자나 책장 등 작은 가구에도 페인트칠하는 경우가 많은데, 원목가구는 사포로 샌딩만 잘해줘도 프라이머가 필요 없지만, 시트지나 필름지, 철재, 플라스틱류에는 프라이머를 칠하고 페인팅하는것이 좋습니다.

**1. 컬러 선택**

페인팅 작업에서는 컬러를 정하는 일이 무엇보다 중요해요. '컬러리스트'라는
직업이 따로 있을 정도로 컬러를 정하는 일은 매우 세심하고 어려운 일이에요.
더군다나 우리는 가지고 있는 가구와 현재 인테리어를 고려해서 컬러를 정해
야 하기 때문에 잘 선택해야 합니다.

**2. 초보자라면?**

셀프 인테리어 초보자라면 화이트나 베이지, 그레이 계열을 추천합니다. 가장
무난하고 질리지 않는 색이어서 실패할 확률이 적어요. 특히 벽처럼 넓은 면적
을 칠할 때는 무채색의 밝은 컬러가 몰딩이나 다른 가구의 컬러와 무난하게 어
울려서 초보자도 쉽게 도전할 수 있거든요. 그리고 나서 패브릭이나 소품 등으
로 포인트 컬러를 주면 다채로운 분위기를 연출할 수 있어요.

### 3. 포인트 컬러로 분위기 바꿔보기

컬러 매치에 자신이 생겼다면 과감한 컬러로 한쪽 벽에 포인트로 주는 것도 시도해보세요. 이때 채도가 낮은 컬러가 세련되어 보이는데, 원색보다는 다른 컬러가 섞인 것이 좋아요. 예를 들어, 그레이가 섞인 딥블루나 브라운이 살짝 섞인 벽돌색처럼요.

진한 포인트 컬러로 벽을 칠하면 확실히 집 안 분위기를 매력적으로 바꿀 수 있어요. 이때 가구나 소품 등의 컬러도 함께 계획을 해야 하는데, 자칫 컬러가 서로 부딪혀 촌스러운 느낌이 들거나 이도저도 아닌 산만한 분위기가 연출될 수 있으니 주의해야 해요. 벽면에 포인트 컬러를 입힐 때는 그 컬러와 조화가 되는 세컨드 컬러를 하나 정해서 가구나 러그 등에 적용해보면 좋아요. 예를 들어, 벽면을 딥그린 컬러(포인트 컬러)로 했을 때 소파를 브라운 컬러(세컨드 컬러), 바닥에는 아이보리 러그를 깔면 안정감 있는 공간을 만들 수 있어요.

### 4. 방문으로 포인트 주기

집 안의 메인 컬러가 화이트나 밝은 무채색 계열이어서 단조롭다고 생각된다면 방문에 포인트를 주는 것도 좋은 방법이에요. 이때 문과 연결된 몰딩을 함께 생각해서 컬러를 정해야 해요. 몰딩이 나무색이거나 바꾸려는 컬러와 잘 매칭이 안 되는 컬러라면 몰딩까지 함께 칠해주는 것이 통일감 있어요.

또 컬러에 맞춰서 손잡이까지 바꾼다면 완성도를 높일 수 있어요. 방문을 베이지 핑크로 하고 손잡이를 골드 컬러에 곡선형 디자인으로 바꾼다면 우아함이 느껴지고, 그레이 컬러에 진한 차콜색의 모던한 손잡이를 달면 시크하고 세련된 느낌이 납니다. 만약 집 안의 방문을 전부 다 칠하는 것이 부담스럽다면, 아이방이나 거실 화장실처럼 한 곳에만 포인트를 주는 방법도 추천합니다.

# 슬기로운 주방생활

주방 하부장을 페인트칠하고 어느 정도 정돈이 되니 주방으로 가는 발걸음이 한결 가벼워졌어요. 그런데 페인트칠만으로도 채워지지 않는 무언가가 있었어요. 어딘가 산만해 보였거든요. 정리를 열심히 해도 정돈되어 보이지 않았어요.

문제점이 무엇인지 주방을 죽 둘러보았어요. 식기 건조기에는 늘 그릇이 쌓여 있었고, 가스레인지 위에는 냄비가 올려져 있었어요. 형형색색의 도마와 칼, 컵 등은 산만한 분위기를 거들었어요. 각종 요리 도구도 싱크대를 더 비좁게 만들었고요. 이번에야말로 잘 정돈된 주방을 만들어야겠다는 생각으로 싱크대를 정리해보기로 했습니다.

먼저 싱크대 안을 정리했어요. 잘 쓰지 않는 프라이팬과 아이가 어렸을 때 쓰던 젖병, 금이 간 컵 등 자리만 차지하고 더 이상 쓰지 않는 물건들은 과감히 버려서 수납공간을 확보했어요. 그리고 냄비와 그릇을 활용도별로 정리해서 넣어놓았어요. 이렇게 정리를 하니 훨씬 깔끔해지고 싱크대가 넓어 보였어요.

그다음으로 해야 할 일은 싱크대 위 물건들의 색상을 최대한 맞춰서 통일감을 주는 것이었어요. 하부 싱크대가 진한 블루이고, 싱크대 상판이 화이트이기 때문에 블루가 돋보일 수 있도록 최대한 무채색 계열의 물건만 싱크대 위에 올려놓기로 했지요. 눈에 거슬렸던 파란색 플라스틱 도마와 알록달록 손잡이의 칼들은 싱크대 안으로 넣고, 나무 도마와 나무 쟁반을 꺼내서 젠다이 위에 올려놓았어요. 컵도 투명한 유리컵만 선반 위에 올려놓고, 나머지는 다 수납장으로 넣었고요.

그리고 볼 때마다 기분이 좋아지도록 제가 좋아하는 것들을 몇 가지 올려놓았어요. 레트로한 분위기의 모카포트와 쿠키를 담는 예쁜 유리병, 요리책도 한켠에 비스듬히 세워두었지요.

어느 정도 정리를 하고 주방을 둘러보았어요. 약간의 변화만으로 이전과는 다른 분위기의, 제 취향 가득한 주방으로 재탄생한 모습을 보니 뿌듯함이 밀려왔어요. 정리만 하고 원래 있던 주방 도구의 위치만 바꾸어주었을 뿐인데 말이죠.

며칠 뒤, 시장을 다녀온 후 깜짝 놀랄 만한 사실을 깨달았어요. 지금까지 너무나 당연하게 생각해서 그냥 지나쳤던 사실을요. 저희 집 쓰레기의 대부분은 주방에서 나왔어요. 음식물 쓰레기는 물론이고, 각종 비닐과 플라스틱 등의 쓰레기가 거의 주방에서부터 시작되는 것이었어요. 시장에서 장을 보고 올 때마다 주방은 식자재가 담겨 있던 포장지와 박스로 다시 아수라장이 되었어요. 언제부터 우리는 시장을 볼 때 이렇게 많은 포장재를 함께 집으로 데려왔을까요?

이렇게 포장 쓰레기의 양을 인지하고 나니, 최대한 쓰레기를 줄여봐야겠다는 생각이 들었어요. 지구 환경을 위해서, 또 우리 주방 환경을 위해서 말이죠. 사실 아이가 생기고 환경에 조금씩 관심이 생겼어요. 우리가 생각 없이 만들어내는 쓰레기가 아이가 살아갈 미래에 어떤 영향을 줄지 깨닫게 되자 제가 할 수 있는 작은 것부터 실천해보기로 했어요.

장을 볼 때 과일이나 채소 등을 담는 비닐봉지를 쓰지 않으려고 면 재질의 주머니를 여러 장 준비해서 장바구니에 넣어놓았어요. 그리고 최대한 포장지 없이 셀프로 담아서 가져갈 수 있는 식자재를 구입했어요. 이렇게 조금씩 노력하다 보니, 정말 장을 보고 와도 포장 쓰레기가 많이 줄고, 사온 식자재를 정리하는 것도 한결 쉬워지더라고요.

그날그날 필요한 식자재를 사니 음식물 쓰레기도 줄어들었고요. 사실 대형마트에서 일주일치 식자재를 사오는 건 제게는 맞지 않았어요. 결국 다 먹지도 못하고 버리는 것이 많았거든요. 지금도 대형마트에선 주로 오래 두고 먹을 수 있는 시리얼이나 견과류, 냉동식품 등을 사오고, 신선식품은 집 앞 슈퍼를 이용하고 있습니다.

앞으로도 최대한 일회용품 사용을 줄이고, 재사용이 가능한 용기를 사용해보려고 해요. 하루아침에 모든 게 이루어지지 않을 테고, 가끔은 일회용품의 편리한 유혹에 넘어갈지도 모르지만, 이제 저도 조금씩 의미 있는 주방생활을 시작해보려고요. 우리 아이들이 미래에도 맑은 하늘, 푸른 바다를 볼 수 있기를 바라면서요.

하루에도 몇 번씩 보게 되는 냉장고 문.

좋아하는 사진과 사랑스런 아이의 그림이 만들어준,

일상 속 나만의 힐링 포인트.

# 거실이라는 공간

거실은 집의 중심이 되는 곳으로 모든 구성원이 함께할 수 있는 장소입니다. 집 안에서 가장 많은 시간을 보내기도 하지요. 호텔로 말하자면 객실로 안내받기 전 첫 번째로 마주하는 로비 같은 공간이에요. 보통 호텔 로비는 그 호텔의 콘셉트를 한 번에 느낄 수 있도록 모든 것을 함축적으로 표현해놓은 공간이에요. 거실도 마찬가지라고 생각해요. 집에서 가장 오픈된 공간으로, 집주인의 취향을 가장 잘 느낄 수 있는 공간이 바로 거실이라 할 수 있습니다.

많은 분들이 한정된 예산으로 집을 꾸미고자 한다면 거실에 많은 부분을 투자할 거예요. 그만큼 거실을 중요하게 생각하고, 또 거실은 그만한 의미를 우리에게 부여해주는 것 같아요.

이 집에 이사 올 때 거실은 제 취향과는 거리가 멀었어요. 벽지는 다행히 새로 해서 깔끔했지만 바닥은 너무 오래된 노란빛을 띠었는데, 가장 눈에 거슬리는 것은 바로 아트월이었어요. 노란빛을 띤 아트월은 심지어 오염까지 되어 있어서 보는 내내 한숨이 나왔답니다. 궁여지책으로 거실장을 놓고 TV와 몇 가지 소품으로 가려보았지만 전혀 효과가 없었어요. 신혼집에서는 꽤 모던하고 괜찮아 보였던 거실장도 그 아트월 앞에서는 어울리지 않고 촌스러워 보였지요.

아트월을 바꿀 방법을 이래저래 연구해봤지만 패브릭 알판을 바꾸는 일이 쉽지 않았어요. 그 위에 페인트칠하자니 패브릭이 페인트를 흡수해버려 추후에 하자가 생길 가능성이 컸고, 패브릭 알판을 떼어버리자니 철거비에 다른 자재로 재시공비가 만만치 않은 데다가 일이 너무 커질 것 같아서 일단은 아트월을 그대로 둔 채 이사를 했어요. 그렇게 오랜 시간을 지냈죠.

어린아이가 있는 집의 거실 모습은 거의 비슷할 거예요. 바닥에는 놀이매트가 깔려 있고, 아이 책장이 벽면을 차지하고, 장난감이 여기저기 널브러져 있는 모습이요. 우리 집만은 그러지 않기를 바랐지만, 어쩔 수 없이 저희 집도 그런 모습으로 변하기 시작했어요.

아이가 다치거나 층간 소음을 일으키면 안 되기 때문에 거실 바닥은 커다란 매트로 가득 찼고, 아이가 어릴 때는 항상 지켜봐야 하기 때문에 잘 보이는 거실에서 놀 수밖에 없더라고요. 그러다 보니 아이 장난감과 책이 모두 거실로 나오게 되더군요.

거실이 아이의 놀이 공간이 되자 치워도 전혀 티가 안 나고, 항상 뭔가 산만해 보였어요. 가지고 있던 소파 테이블도 아이에게 위험할까 봐 치우고, 만화 캐릭터가 그려져 있던 아이용 테이블이 그 자리를 차지했어요. 치워도 치워도 끝이 안 보이는 상황에 어느 순간부터는 치우는 일도 소홀히 하게 되었어요. 저희 집에서 가장 중요한 공간이었지만 방치해두고 있었던 거죠.

그렇게 시간이 흘러 아이가 여섯 살 정도 되자 거실을 잠식하고 있던 놀이매트를 치워야겠다는 결심을 했습니다. 이제 아이는 거실에서는 주로 그림을 그리거나 책을 읽고, 베란다나 아이방에서 놀이를 했거든요. 드디어 거실이 제 모습을 찾을 때가 온 것이죠.

며칠 동안 거실을 천천히 둘러보았어요. 하루에도 몇 번씩 거실이 어떤 모습이면 좋을지를 상상했어요. 좋아하는 분위기의 이미지도 많이 찾아보았고요. 그리고 이제 어떤 부분을 어떻게 바꿀지를 결정해야 했습니다.

가장 먼저 눈에 띄는 것은 촌스러운 아트월. 이번에는 꼭 바꿔야겠다고 다짐했습니다. 이왕 제대로 바꾸기로 마음을 먹었기에 신혼 때부터 가지고 있었던 소파와 거실장까지 모두 교체하기로 했어요.

결혼할 때 신혼집에 맞는 긴 형태의 모던한 소파를 찾기가 힘들어 가구점에서 따로 제작을 했어요. 가구점 디자이너와 상의해서 모던하고 심플한 디자인으로 정하고, 차분한 그레이 톤의 가죽으로 제작했죠.

완벽할 것 같았던 소파는 얼마 지나지 않아 단점이 드러났어요. 제작을 의뢰했던 가구점은 주로 상업 공간에 들어가는 가구를 제작하는 곳이어서, 가정용 소파와는 다르게 내장재가 딱딱하고 불편했어요. 디자이너에게 부탁했던 디테일한 사이즈도 일반적인 가정용 소파와는 달라서 등받이는 너무 낮고, 깊이는 너무 깊어서 편안하게 앉아 생활하기가 힘들었죠. 또 샘플로 봤을 때는 차분하게 보였던 그레이 컬러의 가죽은 막상 소파로 제작하니 카키 톤이 돌면서 칙칙하게 보였어요. 그나마 신혼집에서는 전체적인 디자인이나 색감이 나쁘지 않았지만, 이 집의 거실과는 확실히 이질감이 느껴졌어요.

결론적으로 아트월과 거실장, 소파, 바닥에 러그까지. 지금 거실을 만들고 있는 중요하고 큰 요소들을 다 바꾸기로 결심했습니다.

# 거실 바꾸기 프로젝트

거실 바꾸기 프로젝트는 그동안 소소하게 집을 꾸몄던 것과는 규모가 달랐어요. 그 전에는 작은 가구를 바꾸거나 부분적으로 페인팅을 했던 것이었다면, 이번에는 아트월도 새로 하고 가구까지 다 바꾸기로 했으니까요. 고민은 많이 되었지만 한편으론 신이 났어요.

가장 고민이 되었던 건 역시 아트월이었어요. 어떻게 하면 최소한의 비용으로 아트월을 바꿀 수 있을지 고민하다가 한 가지 눈에 띄는 이미지가 있었습니다. 벽에 합판이 대어져 있고, 격자 모양의 몰딩으로 패턴을 주고 그 위에 페인트칠한 아트월이었어요.

페인팅은 셀프로 할 수 있을 것 같았고, 기존에 있던 패브릭 판을 철거하고 벽에 합판을 대는 것만 전문가의 도움을 받으면 될 것 같았어요. 한 목수 반장님의 연락처를 알고 있어서 그분께 연락을 했더니 다행히도 예상했던 것과 다르게 기존의 패브릭판을 철거하지 않고도 그 위에 합판을 시공할 수 있다는 답변을 받았어요. 철거 비용을 절약할 수 있게 된 거죠.

시공할 때도 합판과 그 위에 시공될 몰딩은 미리 외부에서 재단해 와서 붙이는 작업만 1시간 30분 정도 걸렸는데, 너무나 깔끔하고 빠르게 새로운 아트월이 만들어진 것이지요.

합판 시공이 끝난 후에 페인트칠을 시작했습니다. 거실 콘셉트는 화이트로 정했기 때문에 아트월 컬러도 화이트였죠. 시공된 합판 위에 프라이머를 고르게 바르고 3시간 후에 페인트를 칠했어요. 몰딩이 있는 디자인이었지만 간격이 넓고 두껍지 않아서 어렵지 않게 할 수 있었어요. 다 칠하고 나니 예전 모습은 찾아볼 수 없는, 전혀 새로운 아트월이 완성되었어요.

아트월을 새로 하는 데 든 비용은 모두 합해서 46만 원. 철거도 없고, 집 안에서 합판을 재단하지도 않아서 먼지 날림도 없었어요. 생각보다 비용도 괜찮고 작업도 간단하게 끝나서 왜 진작 안 했을까 후회가 들만큼 너무 만족할 만한 결과를 얻었습니다.

깔끔하고 모던하게 변신한 아트월을 보며 그 분위기를 이어받아 이제 거실 가구를 골랐어요. TV장은 오래전부터 이케아의 '베스토'라는 수납장을 눈여겨보았어요. 군더더기 없는 심플한 디자인에 깔끔한 화이트 컬러, 내부가 모두 수납공간으로 되어 있어서 저희에게 꼭 필요한 실용적인 가구였습니다.

사실 가구는 이사를 하더라도 가져갈 수 있기 때문에 한 번 바꿀 때 오래 쓸 수 있는 것을 선택해야 한다고 생각해서 정말 많은 제품을 알아보았어요. 예쁘고 고급스러운 제품이 많았지만, 무엇보다 중요한 건 우리 가족의 라이프 스타일과 맞는 가구를 찾는 것이었죠. 또 하나씩 보면 다 예쁘지만 모두 한자리에 모였을 때 느낄 수 있는 조화도 중요하기 때문에 전체적인 이미지도 생각해야 합니다. 그러기 위해서는 자신이 어떤 거실을 원하는지를 정확히 알아야 했습니다.

이미지 출처 : 핀터레스트

원하는 스타일을 명확히 알기 위해서 먼저 '핀터레스트'라는 사이트에서 'living room'을 검색하고 마음에 드는 거실 이미지를 저장했습니다. 며칠 동안 틈틈이 이미지를 모아놓고 보니 몇 가지 공통점이 보였어요. 전체적으로 화이트한 느낌에 베이지나 브라운 등이 섞인 모던하면서 내추럴한 분위기라는 것을요. 화이트가 세련되면서 심플한 무드를 만드는 역할을 하고, 뉴트럴한 색상들이 편안함을 만들어주는 스타일이었지요. 이렇게 머릿속에만 있어 손에 잡히지 않던 콘셉트를 찾아낸 이미지를 통해 명확히 정의할 수 있었어요.

그런데 막상 이미지에서 보는 것처럼 화이트 계열의 가구를 선택하는 것은 쉽지 않았어요. 특히 메인이 되는 소파는 오래 쓸 수 있는 좋은 제품을 선택하고 싶었는데, 아직 아이가 어리고 오염을 관리할 엄두가 나지 않았어요. 하지만 이왕 큰맘 먹고 바꾸기로 한 것이니 제가 원하는 분위기를 포기할 수도 없었지요.

어떻게 하면 좋을지 고심하던 끝에 제가 원하는 밝은 계열의 가구를 구매하되, 혹시라도 아이가 실수로 낙서를 하거나 오염시키더라도 아이를 혼내거나 화를 내지 않을 수 있는 합리적인 가격대의 제품을 선택하기로 결정했습니다. 제가 원하는 인테리어 분위기 때문에 아이에게 스트레스를 주는 건 옳지 않다고 생각했거든요.

이렇게 가구에 대한 생각이 명확해지니 몇 가지 브랜드를 정해서 원하는 스타일의 가구를 결정할 일만 남았어요. 인터넷과 오프라인 매장을 방문해서 몇 가지 소파를 알아보고, 마지막으로 이케아를 방문했습니다. 다행히도 이케아에는 밝은 계열의 가구가 많았는데, 그중 아이보리 컬러의 3인용 가죽 소파가 눈에 띄었습니다. 직접 앉아보니 쿠션감도 좋고, 손끝에서 느껴지는 촉감도 좋았어요. 차분한 아이보리 컬러여서 밝은 계열 중에서도 때가 타도 티가 나지 않을 색상이었고, 가격도 100만 원 정도로 합리적이었어요.

하지만 30평대 거실에 그 소파 하나만 놓기에는 사이즈가 너무 작았어요. 작은 소파를 놓게 되면 공간도 함께 왜소해 보이고, 무엇보다 두 명 이상 앉기가 힘들어지니 가족의 공간에서 사용하기에는 실용성이 없어 보였지요. 우리 가족 모두 편하게 소파에 앉을 수 있고, 손님이 왔을 때도 함께 거실에서 시간을 보낼 수 있도록 넉넉한 좌석을 확보하고 싶었기 때문에 소파 사이즈는 아주 중요했습니다.

여러 가지 방법을 생각했습니다. 다른 디자인을 찾아보기도 하고, 1인용 소파를 한두 개 옆에 놓는 것도 생각해봤어요. 그러다 이케아에서 팔걸이가 없는 디자인의 3인용 소파를 발견했습니다. 팔걸이가 없어서 답답하거나 너무 커 보이지도 않고, 밝은 그레이 톤의 패브릭은 커버를 벗길 수 있어서 세탁도 용이한 소파였습니다. 처음에 골랐던 아이보리 가죽 소파와 컬러 톤이나 디자인도 잘 어울렸어요. L자 모양으로 두 소파를 배치하면 제가 원하는 분위기와 실용성을 모두 갖출 수 있을 듯했습니다. 그렇게 어렵사리 소파를 결정하고 거실장도 오래전부터 점찍어놓은 이케아 제품으로 결정했습니다. (결국 거실의 모든 가구를 이케아로 결정한 것이지요.)

집에 와서 다시 한번 사이즈도 체크하고, 지금까지 선택한 가구들이 정말 잘 어울릴 것인지, 소품은 어떤 스타일이 좋을지 정리도 할 겸 이미지 보드를 만들었어요. 이 작업은 인테리어 회사 다닐 때 클라이언트에게 제안용으로 자주 했던 작업인데, 이렇게 가구나 소품을 한데 이미지로 모아놓고 직접 눈으로 확인하면 머릿속에서만 상상했던 것보다 더 명확하게 예상할 수 있는 장점이 있어서 셀프 인테리어를 계획하는 분에게 꼭 추천합니다.

며칠 뒤 드디어 소파와 거실장이 도착했고(거실장은 조립하기 어렵다는 이야기를 들어서 조립 서비스도 함께 신청했더니 배송 기사님이 빠르고 정확하게 조립까지 해주셨어요), 바닥에 러그를 깔고 화분도 놓고, 쿠션과 몇 가지 소품도 놓았습니다. 이렇게 모든 것이 제자리를 찾으니 밝으면서 편안하고 모던한 분위기가 완성이 되었어요.

그동안 누군가가 정해놓은 듯한 공간에 맞춰서 살았다면, 지금은 모든 걸 비우고 제 취향으로 채워 완성한 공간이 된 기분이 들었어요. 6년 동안 산 집인데, 마치 새집으로 이사 온 것 같은 기분도 들었고요. 집의 중심이 되는 거실이 바뀌고 나니 집 안 전체의 모습도 한층 밝아지고 매력적으로 보였어요. 앞으로 오랫동안 우리 가족이 좋아하고 함께할 수 있는 좋은 선택이었다는 확신이 듭니다.

# 가구,
## 어쩌면 평생을 함께할지도 모를

저는 직업상 많은 가구를 접할 수 있었어요. 여러 브랜드 매장을 둘러보면서 각 브랜드의 개성이 담긴 인테리어와 가구를 함께 보는 건 매우 즐거운 일이었어요. 핸드메이드 가구부터 기성제품, 디자이너의 오리지널 가구까지 다양한 가구를 볼 기회가 많았는데, 가장 기억에 남는 건 아르네 야콥센의 '에그체어'였습니다.

어느 추운 날 '프리츠한센' 매장에 간 적이 있어요. 아름다운 가구들이 전시되어 있는, 모던하면서도 고급스러운 분위기의 매장은 바깥의 날씨를 잊게 만들 만큼 따뜻한 분위기였죠. 그곳에서 만난 에그체어는 밝고 따뜻한 그레이톤의 패브릭으로 마감이 되었는데, 처음 보는 순간 가구가 이렇게 아름다울 수 있는지 감동할 수밖에 없었습니다.
유기적인 디자인이 보는 것만으로도 포근하면서 안정감이 느껴졌고, 실제로 앉았을 때 온몸을 부드럽게 감싸주는 느낌이 왜 세계적으로 손꼽히는 마스터피스라고 불리는지 알 수 있었어요. 집 안에 에그체어 하나만 있으면 다른 인테리어 요소가 필요 없을 거라는 생각이 들었지요.
손이 떨리는 가격 때문에 훗날 버킷리스트에 올려두어야지 생각하고 돌아섰지만, 제대로 만든 가구의 매력을 확실히 느낀 순간이었어요.

아르네 야콥센의 에그체어.
가구도 아름다울 수 있다는 걸 알게 된 순간.


집에서 가구는 친구 같은 존재라고 생각해요. 이사를 할 때도 이 친구들
은 항상 함께하고, 때로는 대를 이어 오랜 시간 함께하기도 하니까요.
유럽에서 꽤 오랫동안 살았던 친구는 할머니가 쓰시던 옷장을 지금은
자기가 쓰고 있다고 하더군요. 호두나무로 만든 옷장인데, 섬세한 곡
선을 가지고 있지만 지나치게 클래식하지 않고 적당히 빈티지스러워
서 할머니가 돌아가신 후에 자기 방으로 옮겨 와서 10년 넘게 사용하
고 있다고 했어요. 유럽에서는 가구를 평생에 걸쳐 사용하고, 대를 이
어 물려주는 것이 익숙하다고 했어요.

생각해보면 우리 어머니들도 대를 이어 물려받던 자개장이나 도자기 같은 소품을 하나씩 가지고 있었던 것 같아요. 산업화가 이루어지고 가구도 대량생산되고 기성화하면서 이제 가구는 오래 쓰기보다는 유행하는 가구를 선호하는 경향도 있었지만, 최근에는 다시 평생을 함께 할 수 있는 제대로 된 가구를 사야겠다는 인식이 늘고 있어요. 이사할 때마다 바꾸는 가구가 아니라, 자식에게 선물처럼 남겨줄 수 있는 좋은 가구의 가치를 많은 사람들이 알게 된 것 같아요.

물론 비싼 가구가 다 좋은 가구는 아닐 거예요. 이케아처럼 가성비가 뛰어난 브랜드도 있으니까요. 무조건 비싼 가구보다 곁에 두고 오래 쓸 수 있는 좋은 제품을 선택하는 것이 필요해요.

저희 집에는 'TONE 체어'라는, 카페에서 많이 볼 수 있는 의자가 있어요. 유선형의 디자인이 아름다워서 식탁 의자로 사용하려고 구매했는데, 키가 작고 허리 통증을 달고 살았던 제게는 잘 맞지 않았어요. 딱딱하고 등받이가 허리를 잘 받쳐주지 않아 앉아 있는 시간이 편하지 않았거든요. 오히려 저렴하게 산 오래된 의자가 제게는 더 편했어요. 너무 좋아했던 의자였지만 막상 집에 두고 사용해보니 사이즈가 저와는 맞지 않았던 거죠.

가구는 몸에 바로 맞닿는 부분이기 때문에 어떤 브랜드를 선택하든 사이즈나 재질 등을 꼼꼼히 살펴보는 것이 중요해요. 그리고 자신의 체형이나 생활 방식과 잘 맞는 것을 선택해야 합니다. 그렇게 제대로 고른 가구는 어쩌면 평생을 함께할 수도 있을 테니까요.

## 1. 콘셉트 정하기

가구는 집의 분위기를 결정하는 데 중요한 역할을 합니다. 그래서 가구 콘셉트를 결정하는 것은 인테리어만큼 중요해요. 곡선이 많고 진한 컬러를 사용해서 클래식한 분위기로 갈 것인지, 화이트나 무채색 계열을 선택해서 세련되고 모던한 분위기로 갈 것인지, 원목가구를 선택해서 편안하고 내추럴한 분위기로 갈 것인지 등 가구 콘셉트를 정하면 통일된 분위기를 완성시킬 수 있어요.

또 가구 브랜드마다 내세우는 콘셉트가 있기 때문에 원하는 콘셉트에 맞는 브랜드를 찾으면 선택지가 좁혀져 훨씬 수월하게 가구를 선택할 수 있고요. 의자 하나, 테이블 하나 등 일부만 바꿀 때도 지금 가지고 있는 분위기와 최대한 어울리면서, 앞으로 추구하고 싶은 콘셉트에 맞는 가구를 선택하는 것이 좋아요.

## 2. 예산 정하기

우리는 늘 한정된 예산 안에서 무언가를 구매해야 해요. 가구도 마찬가지예요. 마음에 든다고 예산을 무시한 채 다 구매할 수는 없으니 비중을 두어야 할 가구와 그렇지 않은 가구를 선택해야 합니다. 먼저 거실에 놓을 소파와 의자를 구매해야 한다면 소파보다는 의자에 비중을 둬서 더 좋은 의자를 선택하는 것이 좋아요. 의자가 디자인도 더 다양하고, 멋진 의자 하나로도 공간을 훨씬 매력적으로 만들 수 있으니까요.

침대를 선택할 때는 침대 프레임보다는 매트리스에 투자하는 게 좋아요. 매트리스는 몸의 컨디션을 좌우하는 중요한 존재니까요. 또 여러 가지 소품이 필요하다면 다른 소품은 저렴한 걸 선택하더라도 테이블 스탠드 하나는 좋은 제품으로 선택하는 것이 좋고요.

이렇게 가구마다 비중을 두고 예산을 균형 있게 나누어 강약을 조절하면, 한정된 예산 안에서도 풍요로운 인테리어를 만들 수 있어요.

## 3. 사이즈 정하기

가구는 라이프 스타일을 고려해서 사이즈를 정해야 해요. 거실에서 생활하는 시간이 많고, 친구들을 자주 초대해 거실을 활용하는 시간이 많다면 카우치형 소파나 아예 종류가 다른 소파 2개를 놓아도 좋아요. 식탁에서 많은 대화를 하고, 아이들 숙제나 독서 등도 식탁에서 이루어진다면 8인용 정도의 큰 식탁을 중심에 놓고 모든 행위가 식탁에서 이루어질 수 있도록 하는 것도 좋고요.

라이프 스타일에 맞춰 가구 사이즈를 정했다면, 공간에 맞춰 디테일한 사이즈를 정합니다. 같은 3인용 소파도 길이가 제각각이니까요. 인테리어 도면에 가구를 배치해보면 가장 좋겠지만, 도면이 없는 경우에는 공간의 치수를 재서 종이에 한번 그려보는 거예요. 만약 거실 사이즈가 5m×5m라면 커다란 종이에 50cm×50cm를 그리고(scale 1:10) 소파 사이즈를 스케일에 맞춰서 그리는 거지요. 이 작업만으로도 대략적인 감을 느낄 수 있고 오차를 줄일 수 있어요.

또 사용자의 신체 사이즈도 염두에 두어야 합니다. 저희 집은 남편은 키가 크고, 저는 키가 작은 편이에요. 그래서 가구를 선택할 때 높이를 중요하게 생각해요. 예를 들어 식탁 의자를 골라야 한다면 2개는 높이가 높은 의자를 선택하고, 2개는 높이가 낮은 의자를 고릅니다. 의자도 디자인에 따라서 높이나 넓이가 다르기 때문에 꼼꼼히 사이즈를 알아보고, 가능하다면 직접 앉아보고 결정하는 것이 좋습니다.

# 멀고도 힘든
# 마감재 선택의 길

집을 리모델링하는 지인들이 제게 토로하는 말이 있어요. "내일 마감재 고르러 가는 날이야. 너무 막막해……." 마감재를 고르는 일은 집에 마지막으로 옷을 입히는 일이면서, 집의 분위기가 정해지는 것이기에 신중하게 결정해야 합니다.

또 골라야 하는 마감재는 얼마나 많은지. 벽지는 방마다 다르게 고르고 싶고, 몰딩 색상에 바닥 마감재, 화장실 타일부터 수전까지……. 수십 가지의 마감재를 고르는 건 어렵고 막막한 일이죠.

저 역시 그동안 수많은 마감재를 골라봤지만 매번 참 어려운 일이었어요. 우선 마감재를 고를 때는 작은 샘플을 보면서 골라야 하기 때문에 막상 실제 사이즈로 집에 시공되었을 때는 어떤 느낌일지 상상하기가 쉽지 않아요.

타일 같은 경우는 손바닥만 한 사이즈로 볼 때는 패턴이 잔잔했는데, 막상 600×600이 되는 전체 사이즈를 봤을 때는 샘플에서는 보이지 않던 패턴이 보이기도 하거든요. 원목마루도 샘플에서는 밝은 컬러였는데 바닥에 깔고 나서 보면 각각의 패턴이 모여 예상했던 것보다 훨씬 어두워 보이기도 하고요. 벽지는 또 어떤가요? 집의 채광을 고려하지 않고 샘플만 보고는 조금이라도 진한 톤을 선택하면 칙칙하고 우울한 분위기가 되기도 하지요.

집 전체의 분위기를 생각하지 않고 각각의 마감재가 예뻐 보인다고 고르다가는 공간의 통일성이 사라지는 큰 낭패를 볼 수도 있지요 .

마감재를 고르기 전에 핀터레스트나 잡지 등을 보고 원하는 스타일의 인테리어를 찾아보길 추천합니다. 이때 공간별로 모두 찾아보는 게 좋아요. 거실, 방, 주방, 화장실 등 모든 공간의 이미지를 찾아놓고 모아 보는 거예요. 모아놓은 이미지가 한데 모였을 때 조화가 이루어지는지도 봐야 하고요.

그렇게 찾은 이미지는 꼭 출력해서 마감재를 고를 때 가지고 가세요. 정말 많은 도움이 될 거예요. 공간마다 수많은 마감재를 고르다 보면 머릿속에 담아두었던 이미지들이 혼란스러워지고 희미해질 수 있는데, 그때 출력해놓은 이미지를 보면서 중심을 잡을 수 있어요.

그리고 가능하다면 리모델링하는 현장에서 마감재를 고르는 것이 훨씬 좋고요. 보통은 인테리어 업체의 사무실에서 마감재를 고르곤 하죠. (수많은 마감재를 전부 옮기기는 무리가 있으니 업체 사무실에서 고르는 게 어쩌면 현실적으로 당연한 일일 수 있지만.) 사무실에서 마감재를 고르다 보면 사무실의 조명에 의해서 판단하게 되고, 실제 집 안의 채광을 전혀 고려하지 못하게 되더라고요. 실패를 줄이고 싶다면 저는 적어도 가장 중요하고 메인이 되는 마감재는 현장에서 고르는 것을 추천합니다.

이렇게 내가 원했던 집의 이미지를 현실의 마감재와 잘 매칭하고 나면 마지막으로 공간별로 선택한 마감재를 최종적으로 한곳에 모아놓습니다. 마지막까지 선택한 마감재의 전체적인 톤과 분위기를 잃지 않고 결정하는 것이 중요하니까요.

저는 가능하면 마감재나 조명, 가구를 한꺼번에 고르는 일은 추천하지 않아요. 아직 실현되지 않은 가상의 현실 속에서 모든 것을 고른다는 건 전문가도 어려운 일이거든요. 디자인뿐 아니라 사이즈도 공간에 맞지 않는 경우가 종종 발생하기 때문에 공사 기간이나 여건이 허락한다면 인테리어가 어느 정도 완성되었을 때, 그 분위기를 보고 조명이나 가구를 선택하는 것이 훨씬 나은 선택을 할 수 있어요.

저 역시 신혼집을 꾸밀 때 공사 기간과 이사 시기에 맞춰서 고르느라 머릿속으로는 몇 번의 시뮬레이션을 했지만 몇 가지 가구와 소품은 갈 곳을 잃고 실패해버렸거든요. 우선 크고 굵직한 아이템을 선택하고, 완성되는 인테리어를 보면서 나머지 아이템을 결정하면 실패할 확률이 줄어듭니다

자! 마감재 선택의 늪에서 조금은 빠져나왔나요? 이제 마감재를 고르러 가는 발걸음이 조금은 가벼워졌기를 바랍니다.

# 발코니 사용법

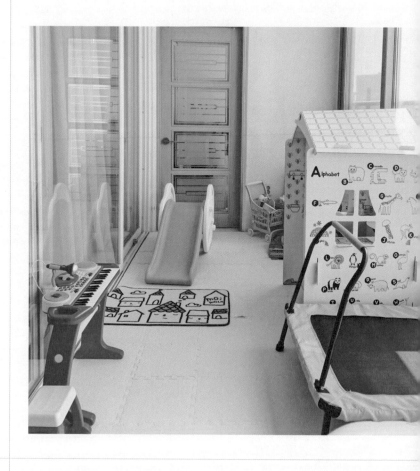

저희 집에는 넓은 발코니가 있어요. 거실, 안방, 아이방 등 모든 공간에 발코니가 있지요. 요즘에는 발코니를 확장해서 거실을 훨씬 넓게 사용하는 분들이 더 많죠. 처음에는 저도 발코니가 확장된 넓은 거실이 더 좋아 보였지만, 바꿀 수 없다면 어떻게든 이 발코니를 잘 사용해야겠다고 생각했습니다.

저희 집 발코니는 폭이 2미터 정도로 일반적인 발코니보다 50cm 정도가 더 넓은 편이에요. 하지만 이사 온 몇 달 동안은 신혼집에서 가져온 테이블 축구대와 남편의 자전거만 덩그러니 있었어요. 하루에도 몇 번씩 발코니를 왔다 갔다 하면서 이 공간을 어떻게 할까 천천히 생각했어요. 잘 사용하면 우리 집만이 가질 수 있는 매력적인 공간이 될 거라고 생각했거든요. 그러다 아이가 태어났고, 아이가 돌이 될 즈음 항상 거실과 방에만 있던 아이에게, 집 안에서도 새로운 공간을 만나게 해주고 싶었어요.

햇살이 눈부시던 어느 날, 발코니에 돗자리를 깔고 튜브형 미니 풀장을 사서 그 안에 물을 받아주고 몇 가지 장난감과 간식 등을 놓았습니다. 평소에 가지 않던 새로운 공간이라 아이는 나들이를 온 듯이 무척 좋아했어요. 발코니 바닥이 타일로 되어서 물이 흘러도 마음 놓고 물놀이도 할 수 있었지요.

그때부터 발코니는 아이의 새로운 놀이 공간이 되었어요. 남향이어서 따스한 햇살이 발코니를 통해 가득 들어오기 때문에 아주 추운 겨울날을 제외하고는 아이가 발코니에서 시간을 보내기 딱 좋은 온도를 가지고 있었어요. 비가 오면 빗소리를 함께 듣고, 눈이 오면 세상이 어떻게 바뀌는지 보고, 언제 나무가 초록빛을 띠고 빨간 빛을 띠는지 집 안에서도 아이와 함께 자연의 변화를 그대로 느낄 수 있었어요.
아이가 가장 좋아하는 놀이는 단연 물놀이였는데, 발코니는 사방이 탁 트여 있고, 바깥 풍경을 볼 수 있어서 훨씬 즐거워했습니다. 더운 날 집에서 물놀이를 할 때면 발코니가 있다는 것이 너무나 고마웠어요.

그렇게 조금씩 아이의 장난감이 발코니로 옮겨졌습니다. 딱딱한 타일 바닥에 쿠션감 있는 퍼즐형 놀이매트를 깔아 아이가 편하게 발코니로 이동할 수 있도록 했어요. 트램펄린이나 미끄럼틀처럼 활동성이 필요한 장난감을 배치해서 책을 읽거나 그림을 그리는 정적인 활동은 거실이나 방에서 하고, 활동성을 요구하는 놀이는 발코니에서 하면서 아이가 우리 집을 사용하는 범위를 더 확장시켰어요. 공간을 옮기면서 놀이를 하니 놀이마다 아이가 더 흥미를 가질 수 있었죠.

이제는 아이뿐 아니라 저와 남편도 발코니에서 아이와 함께 보내는 시
간을 좋아합니다. 기분 좋은 햇살과 바람을 맞으며 아이가 노는 모습
만 바라보아도 어떤 날에는 자연스럽게 힐링이 되기도 하니까요.

발코니는 따로 정해진 공간의 제약이 없다는 것이 큰 장점인 것 같아
요. 거실, 안방, 주방 등은 각자 가지고 있는 공간의 목적이 있지만, 발
코니는 때로는 홈카페로, 때로는 아이 놀이 공간으로 자유자재로 변할
수 있는 흰 도화지 같은 공간이에요.
이제는 아이와 함께 가꿀 수 있는 미니 정원을 계획하고 있습니다. 작
은 숲속에 온 듯한 저희만의 아름다운 공간으로 말이지요.

언젠가 파리를 배경으로 한 외국 드라마를 본 적이 있어요. 주인공이 일을 끝내고 집으로 돌아와 잠들기 전 와인 한 잔을 들고 발코니로 나갔어요. 테이블 하나, 의자 하나 놓으면 꽉 차는 작은 공간이었지만 반짝이는 밤하늘의 별을 바라보며 하루를 마감하기에 완벽한 곳이었어요.

다음 날 아침에도 주인공은 커피를 들고 발코니로 나가요. 맑은 하늘을 바라보며 상쾌한 공기와 함께 하루를 시작해요. 주인공에게 발코니는 그 어느 곳보다 중요한 공간이었어요. 그 모습을 보며 저 역시 발코니의 매력에 푹 빠졌어요. 발코니는 어떻게 활용하느냐에 따라서 숨은 보석 같은 공간이 되기도 합니다.

## 1. 나만의 작은 정원으로 만들기

발코니는 집 안에서 해가 가장 잘 들고 외부와 가까운 공간이기 때문에 식물이 잘 자랄 수 있는 환경이에요. 발코니에 식물을 키우면 공기 정화에도 좋고, 정서적으로도 안정을 주는 공간이 됩니다. 내추럴한 느낌의 마감재를 사용하면 훨씬 정원 같은 느낌을 줄 수 있는데, 바닥은 우드데크를 활용하면 좋지만 가성비를 따진다면 우드패턴이 프린팅된 타일을 사용해도 괜찮습니다.

타일을 새로 깔기도 쉽지 않다면 롤(Roll)로 된 인조잔디를 추천해요. 인조잔디는 미터 단위로 판매하기 때문에 필요한 만큼 구매할 수 있고, 시공도 어렵지 않거든요. 일반적인 발코니에는 인조잔디를 이어붙임 없이 한 폭으로 해결할 수 있어 굳이 바닥에 본딩을 하지 않고도 가구 등으로 고정시킬 수 있어요. 여기에 크고 작은 식물을 적절히 배치하고 라탄 가구나 방석, 가드닝 소품 등을 놓으면 멋진 실내 정원이 완성됩니다.

## 2. 여유로운 분위기의 홈카페

발코니나 베란다는 멋진 야경을 볼 수 있는 곳이기도 하죠. 이보다 멋진 홈카페 공간도 없을 거예요. 비가 오거나 눈이 오는 날, 햇살이 부서지도록 아름다운 날은 더 좋을 거예요. 홈카페는 먼저 편안한 분위기를 만들어주는 게 좋아요. 안락함이 느껴지는 의자와 쿠션, 러그를 준비합니다. 작은 테이블도 준비하고, 카트 기능을 하는 트롤리도 있으면 좋고요.

여기서 중요한 아이템은 바로 조명이에요. 일반적인 발코니 등은 떼버리고 감성적인 분위기의 펜던트를 달아주는 거예요. 발코니에 설치할 펜던트는 비싸지 않아도 됩니다. 1~2만 원대에도 충분히 예쁜 제품이 많으니 가구나 소품의 분위기에 맞게 선택하면 괜찮아요. 천장이 막혀 있지 않은 베란다라면 LED 초나 앵두 전구, 코튼볼 전구처럼 길게 연결되어 있는 전구 조명을 난간에 연결하면 그것만으로 로맨틱한 홈카페 분위기가 완성될 수 있어요.

이렇게 가구로 어느 정도 분위기를 만들어주었다면 마지막으로 책이나 잡지 등을 작은 진열장에 진열하고 꽃이나 화분 등이 있으면 감성적인 홈카페로 스타일링을 완성할 수 있습니다.


## 3. 아이들의 놀이터

아이들이 있는 집이라면 발코니의 활용성은 무궁무진한 것 같아요. 저희 집도 발코니는 아이를 위한 공간으로 다양하게 활용하고 있어요.

트램펄린과 미끄럼틀을 놓으면 작은 체육관으로 변신하기도 하고, 때로는 모래 놀이를 하는 백사장이 되기도 하지요. 여름에는 커다란 튜브에 물을 받아 작은 수영장을 만들기도 하고요. 최근에는 책장과 아이용 소파를 발코니로 옮겨서 도서관으로 꾸며주기도 했어요. 평소에는 수납장과 의자 하나 정도만 두고 놀이에 따라서 유연성 있게 공간을 활용할 수 있으니 아이에게는 더할 나위 없이 좋은 공간이에요.

아이를 위한 발코니는 안전을 위해 바닥에 놀이매트를 까는 것이 좋아요. 퍼즐형 놀이매트는 쉽게 자를 수 있고, 원하는 만큼 구매할 수 있다는 장점이 있어요. 만약 마루가 깔려 있는 발코니라면 그 위에 극세사 러그나 면 재질의 러그를 놓는 것도 괜찮아요. 적당한 쿠션감도 주면서 포근한 느낌이 들어 아이들이 심리적으로 더 편안한 공간으로 받아들일 수 있거든요.

이때 매트나 러그 색상은 밝은 그레이나 밝은 베이지 정도의 컬러를 추천하는데, 아이들 장난감이 워낙 컬러가 많이 들어가서 바닥은 차분한 컬러로 하는 것이 안정감을 줄 수 있어요.

쓸모없다고 생각했던 공간도

정성껏 손길을 주었더니 가장 따뜻한 공간이 되었다.

디자인에서 콘셉트는 중요한 요소이다.

디자인하는 대상을

명확하게 설명할 수 있도록 도와주기 때문이다.

우리 집의 인테리어를 계획할 때도 마찬가지다.

그런데 콘셉트를 세워야 한다고 말하면

처음엔 막막하고 어려울 수 있다.

이때는 취미나 좋아하는 걸

떠올려보면 쉬워진다.

미술을 좋아한다면 갤러리처럼 꾸며볼 수도 있고,

책을 좋아한다면 북카페처럼 집을 꾸밀 수도 있다.

또 기억 속에 저장되어 있는 장소나 공간도

멋진 콘셉트가 될 수 있다.

수십 번을 볼 정도로

좋아하는 영화 속 주인공의 집이나

어릴 적 추억이 가득한

정겨운 시골 할머니의 한옥집도 좋다.

좋아하는 아이템이나 소중한 기억을

인테리어에 적용시킨다면

일상에서도 늘 함께하는 즐거움을 느낄 수 있다.

# 집을 꾸미고 달라진 것

저희 집에서 가장 중요했고, 그만큼 신중하게 계획했던 거실이 새로운 모습으로 바뀌니 많은 것들이 달라졌습니다. 침실이나 화장실을 꾸몄을 때보다 훨씬 강하게 집 전체의 분위기를 바꿔주었으니까요. 예전의 모습은 온데간데없고, 새집으로 이사 온 느낌마저 들었어요.

새로 한 아트월과 화이트 계열의 가구는 '우리 집이 원래 이렇게 밝았나?'라는 생각이 들게 할 만큼 집 안을 변화시켰고, 놀이매트를 치우고 새로 들인 러그는 오래된 바닥을 적당히 가려주면서 거실을 차분하고 따뜻하게 감싸주었습니다. 새로 단 시폰 커튼은 강한 햇빛을 부드럽게 만들었고, 한켠에 자리 잡은 올리브나무는 어쩌면 심심하고 밋밋할 수 있는 거실에 적당한 생기를 불어넣어주었지요.
키 큰 거실장은 어떤 소품을 놓아도 심플하고 모던한 분위기가 연출되었고, 내부의 넉넉한 수납공간에 아이가 거실에서 자주 사용하는 물건이나 장난감을 수납할 수 있어서 한결 정리가 쉽고, 아이도 쉽게 자신의 물건을 찾고 정리할 수 있게 되었습니다.

변화된 거실은 이제 항상 정돈되어 보입니다. 통일된 느낌의 가구들이 각자의 자리에서 제 역할을 잘 해주고 있어서인지, 혹여나 아이가 장난감을 가지고 놀다 그냥 두어도 거실은 크게 동요되지 않고 그 분위기를 계속 이어가고 있습니다.

가장 걱정했던 소파는 다행히 때가 잘 타지 않고, 혹시 뭐라도 묻었을 때는 클리너로 바로 닦아내면 얼룩이 남지 않았습니다. 곳곳에 자리 잡은 아트포스터 액자는 거실을 한층 더 고급스러운 무드로 만들어주면서, 자칫 모두 화이트여서 지루할 수 있는 벽면에 리듬과 감성을 불어넣어주고 있고요.

군이 이유를 찾지 않아도 될 만큼, 저는 지금의 거실 모습이 좋습니다. 아마도 그동안 제가 꿈꾸고 원했던 취향대로 꾸며서가 아닐까요? 식탁에서 일을 하다 잠시 쉬고 싶을 때면 고개가 저절로 거실 쪽으로 향합니다. 큰 창을 통해 보이는 바깥 풍경과 함께 또 하나의 풍경을 만드는 우리 집 거실은 바라만 봐도 마음이 편안해집니다. 이게 집이 주는 안정감이구나, 하고 느껴지는 순간이죠.

아무 생각 없이 있다가도 저기에 화병을 놓으면 좋겠다, 저기에는 조금 화려한 쿠션을 놓으면 더 예뻐 보이겠다, 하는 아이디어가 툭툭 튀어나옵니다. 저는 이런 시간들이 참 좋아요. 집이 더 아름답게 변화될 상상을 하는 이 시간들이요.

# 건식 화장실 만들기

예전에 캐나다에서 몇 달을 지낸 적이 있는데, 제가 지냈던 집은 모두 건식 화장실을 사용하고 있었어요. 처음에는 샤워를 하고 나서 바닥의 물기를 모두 닦고 나오는 일이 조금은 번거로웠는데, 점점 건식 화장실이 편하게 느껴졌어요.

아침에 맨발로 화장실에 들어가서 푹신하고 부드러운 욕실 매트를 밟고 양치를 하는 일상은 사소하지만 기분 좋은 아침을 시작할 수 있는 경험이었지요. 그때 이후로 저는 건식 화장실이 좋아졌어요. 그래서 이사한 집에서도 건식 화장실을 만들어보기로 했습니다.

안방에 하나, 거실에 하나 화장실이 2개 있는데, 우선 거실 화장실을 건식으로 바꿔보기로 했어요. 저희 부부는 안방을 주로 사용하고, 거실 화장실은 아이를 씻기거나 손님이 왔을 때 주로 사용해서 물을 사용하는 시간이 적으니 건식으로 사용하기에 적당하다고 판단했거든요.

사실 화장실을 건식으로 바꾸는 일은 어렵지 않았어요. 어떻게 보면 욕실화 빼고, 커다란 욕실 매트 하나 깔고 나서 "여기는 건식 화장실입니다" 하고 정의하면 되는 거니까요. 물론 거기서 그치지는 않았지요.

건식 화장실의 분위기를 좀 더 완벽하게 만들어주기 위해서 다양한 소품을 활용했어요.

거실 화장실에는 욕조가 있어서 욕조 부분에 샤워 커튼을 달았어요. 앞서 말했듯이 거실 화장실은 주로 아이가 사용하기 때문에 아이 씻길 때는 욕조 밖으로 물이 많이 튀진 않지만, 가끔씩 저희 부부가 사용할 때는 꼭 샤워 커튼이 필요했어요. 그렇지 않으면 바닥이 온통 물바다가 되어버리니까요.

그리고 건식 화장실은 슬리퍼를 신지 않으니 차가운 타일 바닥을 밟는 대신에 부드럽고 포근한 매트를 깔아야 했어요. 이때 주의할 점은 시중에 파는 욕실 매트는 일반적으로 50×70 정도여서 화장실 바닥에 놓기에는 작은 감이 있어요. 그렇다고 주방 매트는 또 너무 긴 것 같고요. 저는 넓직하게 바닥을 많이 가려줄 수 있는 사이즈를 원했거든요. 그렇게 한참을 적당한 욕실 매트를 찾다가 예전에 거실에 깔려고 샀다가 사이즈가 애매해서 창고에 보관해두었던 면 러그가 떠올랐어요. 꺼내보니 화장실에 깔기에는 길어서 반으로 접으니 사이즈가 딱 좋았어요. 세탁기를 사용해도 괜찮았고요. (욕실 매트는 아무래도 자주 세탁할 수 있는 재질로 선택하는 것이 활용도가 높아요.)

러그까지 놓으니 얼추 분위기가 완성되는 듯했지만 제가 원했던 아늑한 건식 화장실 분위기에는 아직 모자란 듯했지요. 그래서 작은 수납장을 세면대 밑에 놓기로 했어요. 마침 이케아에 원목으로 만든 오픈

형태의 수납선반이 있어서 그걸 구입하고, 그 위에 수건과 비누 등을 올려놓으니 제법 건식 화장실의 분위기가 나더군요.

건식 화장실을 꾸미면서 중요하게 여겼던 점은 욕실용품의 통일성이 었어요. 아무리 깔끔하게 인테리어를 해놓아도 샴푸나 린스 등이 알록 달록하면 분위기를 해치잖아요. 요즘에는 패키지 자체가 예쁘게 나오는 제품도 많고, 내용물을 옮겨 담을 수 있는 디스펜서도 많이 팔아서 그런 것들을 활용해보기로 했어요.

먼저 샴푸나 린스는 진한 갈색의 디스펜서를 사서 따로 담았고, 물비누와 욕실 청소세제도 디스펜서에 담았어요. 사용할 때 헷갈리지 않도록 이름표도 달아주었고요. 이렇게 욕실용품만 정리해놓아도 욕실이 한결 통일되고 깔끔해 보였습니다.

데코용으로 작은 화분 하나와 욕실을 향기롭게 해줄 디퓨저와 향초를 젠다이 위에 올려놓았더니 고급스럽고 깔끔한, 제법 괜찮은 건식 화장실이 되었답니다. 화장실은 거실이나 침실보다 크기가 작아서 향기도 금방 채워지고, 또 오래 가서 어렵지 않게 관리할 수 있어요.

마지막으로 제가 한 일은 수건을 새로 사는 일이었어요. 요즘에는 일명 '호텔 수건'이라는 두툼한 화이트 수건이 인기지만, 저는 오히려 차콜이나 베이지 컬러를 좋아해요. 진한 컬러 수건은 공간에 포인트도 되면서, 다른 소품과 색상을 잘 맞추면 멋진 스타일링이 되거든요. 수건 사이즈도 일반적인 사이즈보다 조금 큰 $60 \times 100$을 선호하는데, 수건을 걸어놓았을 때 조금 큰 사이즈가 더 예뻐 보이기도 하고, 욕조에 수건 2개 정도를 살짝 걸쳐놓으면 호텔 느낌도 낼 수 있어요. (60×100 사이즈는 유럽형 사이즈여서 이케아나 자라홈 등에서 구입할 수 있어요.)

가능하다면 칫솔과 양치컵도 맞추면 참 좋겠죠. 저는 얼마 전 손잡이가 있는 투명한 아크릴 양치컵과 아무 무늬가 없는 하얀색 칫솔로 바꿨는데, 투명하게 반짝거리면서 군더더기 없이 심플한 모습이 욕실을 더 매력적으로 보이게 하는 것 같아요. 한동안은 양치컵만 봐도 기분이 좋아지는 일상을 보낼 수 있었습니다.

## 1. 청소하기

저는 화장실을 청소할 때 일명 '매직블럭'이라는 스펀지를 많이 써요. 오래된 세면대라 물때가 잘 껴서 하루에 한 번씩은 매직블럭으로 세면대와 젠다이를 닦아요. 양치할 때 잠깐 쓱 닦아주면 세면대 청소가 금방 끝나거든요. 물때로 빛을 잃은 세면대가 다시 반짝이면 뭔지 모를 희열감이 느껴지면서 기분도 상쾌해지더군요.

욕실 바닥은 청소기로 자주 청소해줘요. 아무래도 머리카락이나 먼지가 바닥에 많이 떨어지니까요. 청소기로 가볍게 타일 바닥과 러그 위를 청소하면 금방 깔끔해집니다.

그리고 일주일에 한 번씩은 바닥에 있는 모든 걸 치우고 물청소를 합니다. 이때는 세제를 이용해서 바닥과 변기, 세면대 등을 다 닦고 물을 뿌려서 마무리해요. 면적이 크지 않아서 물청소도 금방 끝나요. 보통 10~15분 정도면 물청소까지 완벽하게 끝납니다. 그렇게만 해주어도 항상 깔끔한 건식 화장실을 유지할 수 있습니다.

## 2. 욕실 수납

저희 화장실에는 거울 옆에 작은 수납장이 있어요. 수납장 안에는 여분의 칫솔이나 치약, 머리빗 등 밖으로 꺼내놓았을 때 산만해 보일 수 있는 물건을 넣어놓았어요. 그리고 세면대 밑 오픈 수납장에는 향초나 로션처럼 패키지가 예쁜 물건을 올려놓고, 수건이나 휴지, 비누 등은 잘 정리해서 진열하듯 수납해놓았어요.

건식 화장실은 습기에 강한 소가구를 활용하면 좋은데, 사다리 모양의 수건걸이나 수납 기능을 갖춘 스툴을 놓거나, 커다란 라탄 바구니에 목욕 가운이나 목욕 수건 등을 넣어놓으면 멋진 분위기를 낼 수 있습니다.

### 3. 곰팡이 없애기

아무리 습기를 잘 관리한다고 해도 물을 쓰는 공간은 곰팡이가 생길 수 있어요. 특히나 실리콘 위에 생긴 곰팡이는 다른 곳과는 다르게 잘 없어지지 않더라고요. 인터넷에서 실리콘에 생긴 곰팡이 없애는 방법을 찾아보고 따라해봤는데 효과 만점이었어요.

먼저 키친타올에 락스를 듬뿍 묻혀주고 곰팡이가 핀 실리콘 위에 올려두는 거예요. 5시간 정도 그대로 두고 떼어내면 곰팡이가 감쪽같이 없어지고 방금 시공한 듯 새하얀 실리콘이 나타났어요. 건식으로 사용하면 곰팡이가 많이 생기지는 않아서 자주 할 필요는 없지만, 실리콘이 노랗게 되거나 곰팡이가 하나둘 보인다면 꼭 해보세요.

# 버리기 연습

집 안 구석구석을 꾸미기 시작하면서 어느 한 군데 미운 구석이 없다고 생각하지만, 저희 집에서 딱 한 곳! 정말 들어가기 싫은 곳이 있습니다. 옷방 뒤 발코니 창고예요.

원래는 잘 안 쓰는 물건을 수납해놓는 공간이었는데, 물건이 하나둘씩 쌓이더니 이제는 문을 못 닫을 정도가 되어버렸습니다. 한 번씩 정리하려고 마음먹고 들어가도 결국에는 한숨만 쉰 채 다시 발걸음을 돌린 적이 벌써 여러 번이에요.

언제부터 집에 안 쓰고 쌓아두기만 하는 물건이 이렇게 많아졌을까요? 결혼할 때는 분명 옷과 화장품, 책 몇 권만 들고 와서 신혼집이 텅 비어 보이기까지 했는데 말이죠. 물론 지금은 아이도 생겼으니 짐이 늘어나는 것이 맞지만, 그래도 저는 쓸데없는 물건은 잘 안 사는 편이라고 생각해왔는데 창고에 점점 쌓여가는 물건을 보면 그것도 아닌가 봅니다.

이렇게 가다가는 결국 창고 천장까지 물건으로 꽉 채워질 것 같더라고요. 그래서 어느 날 마음먹고 창고를 정리해야겠다고 생각했습니다.

우선 창고에 있는 물건들을 밖으로 꺼내놓을 수 있도록 주변의 통로를 먼저 치웠습니다. 청소기, 여행용 트렁크, 크리스마스트리, 혹시 몰라 두었던 가전제품 박스, 안 쓰는 작은 테이블, 작업할 때 쓰고 남은 원단들……. 정말 다양한 물건이 가득 채워져 있었습니다.

지금은 비록 창고에 있지만, 언젠가는 꼭 다시 쓸 것만 같아서 버리지 못한 물건들이었죠. 하지만 1년이 지나고, 2년이 지나도 밖으로 나오지 못하고, 어느 순간 제 기억 속에서도 잊혀진 것들이지요. 이렇게 몇 년 동안 관리를 안 하고 보관만 해놓으니 결국 곰팡이가 생기는 등 다시 꺼내도 쓸 수 없는 상태가 된 것이 많았습니다.

버릴 것과 나눌 것을 구분해서 물건을 정리하고 비우니 창고가 조금씩 정리가 되면서 빈 공간도 생기더군요. 청소를 말끔히 하고, 남은 물건은 종류별로 차곡차곡 정리했습니다. 치우기 전에는 엉망진창으로 쌓인 물건이 문밖으로까지 삐져나와 들여다보기조차 싫었는데, 막상 시작하니 어느 순간 정리의 끝이 보였어요.

그 기분 좋은 느낌을 유지하며 이번에는 옷방 정리에 도전했습니다. 최근 2년 동안 한 번도 입지 않은 옷은 내놓고, 손님이 오면 쓸지도 몰라 간직하고 있던 옛날 이불도 버리기로 했습니다. 물론 옷을 버리는 건 쉽지 않더라고요. '이 옷 입었을 때는 괜찮았는데……'를 반복하며 수없이 갈등하게 되더라고요. 우여곡절 끝에 내적 갈등을 마무리하고 버릴 물건을 솎아낸 후 남은 옷은 계절별로 정리하고, 니트·티셔츠·바지 등 종류별로 기준을 두어 수납했습니다. 이렇게 몇 번의 정리를 거쳐 어느덧 집 안에는 필요한 물건만 남게 되었습니다.

처음부터 완벽할 수는 없겠죠. 하지만 하루에 하나라도 정리하자고 마음먹고, 버리기 연습을 통해 집 안을 소중한 물건으로만 채우는 것은 어쩌면 일상을 더욱 여유롭게 만드는 시작이 아닐까 생각합니다.

# 패브릭으로
## 집 안에 옷 입히기

집 안 분위기를 바꾸고 싶을 때 가장 쉽게 다가갈 수 있는 아이템은 패브릭입니다. 침구나 쿠션, 커튼, 러그까지 다양한 패브릭 소품으로 집 안을 꾸미는 걸 우리는 '홈드레싱'이라고도 하지요.

처음 홈드레싱이라는 말을 들었을 때 '집 안에 옷을 입힌다'는 뜻이 너무나 적절한 표현이라는 생각이 들었어요. 내가 입는 옷을 통해서 나의 취향이나 스타일을 보여주듯, 집 또한 계절에 따라서 새로운 옷을 입혀주고 나의 취향을 반영할 수 있으니까요.

## 커튼으로 꾸미는 홈드레싱

이 집에 이사 올 때 화이트 시폰 속커튼과 그레이 톤의 겉커튼을 설치했어요. 그저 아무 생각 없이 속커튼과 겉커튼을 모두 설치해야 한다고 생각했죠. 하지만 겉커튼은 몇 년 동안 한 번도 활짝 펴본 적이 없을 정도로 늘 양쪽 구석에 가지런히 모아져 있었어요.

그러다 거실 소파를 바꾸면서 커튼도 바꿨는데, 겉커튼은 과감하게 없애고 화이트 속커튼만 새로 해서 달았어요. 그런데 겉커튼 하나 뗐다고 집이 환해지더라고요. 단순히 환해진 것뿐만 아니라 넓어 보이기까지 했어요. 아무래도 어두운 겉커튼이 거실 양쪽에 자리 잡고 있으니 거실이 좁고 어두워 보였던 거지요.

혹시 거실이 어둡고 칙칙해 보인다면 과감히 겉커튼을 떼어보세요. 속커튼 하나가 주는 영향력은 꽤 커요. 답답하지 않게 공간을 차단시켜주면서도, 창밖의 좋지 않은 배경은 가려주니 거실을 한층 단정하게 정리해주어요. 한여름에는 눈부신 햇빛을 가려줄 수도 있고요.

물론 창을 가리는 데는 블라인드나 버티컬 등 다른 아이템도 많이 있어요. 하지만 저는 커튼이 주는 포근하면서도 감성적인 매력이 좋더라고요. 그래서 거실이나 침실에는 커튼을 선호해요.

## 쿠션으로 꾸미는 홈드레싱

집 안의 분위기를 바꾸고 싶을 때 제가 제일 먼저 찾는 아이템은 바로 쿠션이에요. 쿠션은 커버만 새로 구입해서 교체해주면 되니까 다른 아이템에 비해서 쉽게 분위기를 바꿀 수 있어요.

저는 쿠션을 너무 좋아해서 어딜 가나 예쁜 쿠션 커버를 발견하면 사옵니다. 보통은 계절이 바뀔 때 커버를 교체해 분위기를 바꿨는데, 거실 콘셉트를 화이트로 바꾸고 나서는 쿠션의 역할이 더 커졌어요. 새하얀 도화지에 그림을 그리는 기분이랄까요? 벽과 가구가 거의 화이트이다 보니, 액자나 쿠션으로 컬러감을 주지 않으면 너무 밋밋해서 저희 집에서는 굉장히 중요한 아이템이에요.

보통은 단색 쿠션을 2개 정도 놓고 패턴이 있는 쿠션을 1개 정도 섞어서 배치해요. 단색으로만 채우면 심심하면서 재미없는 것 같고, 패턴을 너무 많이 놓으면 정신없고 분위기를 해치는 것 같아서 패턴은 포인트가 될 만한 것으로 하나 정도만 배치하고 있어요.

일반적으로 쿠션 사이즈는 50×50을 많이 사용해요. 저도 50×50 사이즈의 쿠션을 기본으로 놓지만 30×50이나 40×40처럼 다른 사이즈를 1개 정도 같이 놓는 것을 좋아해요. 다른 사이즈의 쿠션이 한두 개 섞여 있으면 리듬감이 느껴지면서 세련되어 보이니까요.

## 블랭킷으로 꾸미는 홈드레싱

제가 또 좋아하는 패브릭 아이템은 흔히 '담요'라고 부르는 블랭킷이에요. 워낙 추위를 많이 타서 아주 더운 한여름만 아니면 거실에서 텔레비전을 보거나 책을 읽을 때 담요를 덮고 있는 걸 좋아해요. 보들보들 울로 만든 블랭킷은 도톰하면서도 촉감도 좋고, 심지어 예쁘기도 해서 소파에 툭 걸쳐놓기만 해도 인테리어 효과를 내니 좋아할 수밖에 없는 아이템이에요.

요즘에는 린넨, 면, 울 등 다양한 소재의 블랭킷이 나오기 때문에 거실뿐 아니라 침실에서도 활용하면 좋은데, 화이트 톤의 침구가 어딘가 심심했다면 컬러가 있는 블랭킷을 러너처럼 침대 위에 올려놓기만 해도 호텔 같은 분위기도 나고, 공간이 달라 보이는 효과를 주지요. 블랭킷은 한두 개만 있어도 충분히 다양하게 연출할 수 있어요. 사이즈가 조금 큰 블랭킷은 홑이불로도 사용 가능하니, 만약 홑이불이 필요하다면 블랭킷이나 러너로도 활용 가능한 단색을 추천합니다.

## 1. 동대문 가서 직접 제작해보기

발품을 팔아 조금 더 저렴하고 다양한 디자인을 직접 만들고 싶다면 동대문종합시장으로 가보는 것을 추천합니다. 이곳에는 다양한 패턴의 원단과 지퍼, 비즈 등 소품을 더 감각적으로 완성시킬 수 있는 액세서리도 함께 판매하고 있어서 원스톱 쇼핑이 가능합니다. 또한 이곳 지하 1층에 제작소가 모여 있어, 원단을 선택했다면 지하 1층으로 가서 제작까지 한 번에 의뢰한 후 제품이 완성되면 택배로 받아볼 수 있습니다.

하지만 처음 방문한 사람이라면 혼자서 그 넓은 곳을 찾아다니기가 쉽지 않아요. 또 커튼은 주름을 어떻게 만드느냐 따라 원단의 양이 달라지기 때문에 원단의 양을 혼자 계산하기도 어렵고요. 이럴 때는 지하 1층에 커튼 제작 전문 매장을 방문하면 되는데, 여기서는 다양한 원단을 보유해놓고 전문가가 상담을 통해 원단 선택부터 제작까지 모두 해주기 때문에 처음 동대문을 방문해서 셀프로 진행하는 분에게 추천합니다.

커튼 제작 시에는 커튼을 설치할 창의 사이즈를 미리 체크해야 정확한 견적을 받을 수 있어요. 또한 원하는 이미지를 보여주면 그 이미지에 맞는 원단도 찾아주고, 디자인도 제안해주기 때문에 평소 원했던 분위기 등을 미리 준비해가면 훨씬 쉽게 제작을 진행할 수 있습니다.

## 2. 소재 고르기

일반적으로 가정집에서 설치하는 커튼은 크게 겉커튼과 속커튼으로 나눌 수 있습니다. 겉커튼은 실크나 폴리에스테르, 자카드, 면 등으로 두껍게 제작해서 빛 차단이나 난방에 효율적인 기능을 가지고 있고, 속커튼은 얇고 비치는 소재의 린넨이나 폴리에스테르로 제작해서 은은하게 빛이 들어오고 시야를 답답하지 않게 가려주는 효과가 있어요.

원단에 따라 같은 디자인의 커튼이라도 분위기가 달라지는데, 실크나 자카드는 중후하면서 고급스러운 느낌이 나고, 린넨과 면은 내추럴하면서 캐주얼한 느낌이 납니다.

또 소재에 따라 세탁하는 방법도 잘 알아두어야 하는데, 폴리에스테르나 면은 세탁기를 사용해도 괜찮지만, 실크나 린넨은 드라이클리닝을 해야 오랫동안 지속가능합니다.

## 3. 색상 정하기

겉커튼은 거실처럼 큰 면적에서는 밝은 톤의 무채색 계열이 질리지 않고 세련되어 보이는데, 가구나 인테리어 마감재 톤과 비슷하게 밝은 베이지나 그레이 톤을 고르면 차분하면서 고급스러운 이미지를 연출할 수 있어요.

방에는 조금 더 컬러가 들어가도 괜찮은데, 커튼에 컬러가 들어가면 공간이 더 개성 있어 보이고 스타일리시하게 보일 수 있습니다. 이때에도 채도가 너무 높거나 진한 컬러보다는 연핑크, 연블루, 연그린처럼 편안하면서 산뜻하거나 러블리한 느낌이 나는 색상을 선택하면 무난하면서도 공간의 분위기를 살려주는 역할을 해줍니다.

커튼 색상은 방에 있는 가구나 소품 등의 포인트 컬러와 같이 해주면 튀지 않으면서 돋보일 수 있어요. 예를 들어, 방에 노란색 수납장이 있다면 커튼도 레몬색처럼 비슷한 옐로우 톤으로 해보는 거예요. 베개나 쿠션처럼 다른 패브릭 소품과 같은 컬러를 선택하는 것도 좋아요.

## 4. 커튼으로 방문 대신하기

최근에는 문을 떼고 커튼으로 공간을 분리하는 디자인을 일반 가정에서도 많이 볼 수 있는데, 프라이버시가 필요하지 않는 공간에는 열고 닫기가 용이하고, 커튼 자체로 아트월 느낌도 줄 수 있는 장점이 있습니다. 다용도실로 가는 통로나 옷방문 등을 없애고 아치형의 프레임을 만든 뒤 주름이 잡힌 커튼을 설치하면 고급스러운 패션샵에 온 듯한 인테리어를 만들 수도 있어요. 이때의 커튼은 옐로우나 다크그린 등 진하면서 선명한 컬러를 선택하는 것이 확실한 포인트를 주면서 세련된 인상을 줄 수 있습니다.

이미지 출처 : 핀터레스트

153

# 이젠 없으면
# 허전한 반려식물

예전엔 집에서 화분을 키운다는 건 상상도 못 했어요. 아침 일찍 출근해 늦은 저녁이 되어서야 집에 돌아오니 어쩌다 큰맘 먹고 집에 들인 작은 화분조차 꽃도 피우기 전에 말라 죽고는 했어요. 꽃도 마찬가지였지요. 보는 건 참 예쁜데 며칠 지나면 금세 시들어버리니 제게는 아름답기만 한 사치품이었답니다.

그런데 언젠가부터 저희 집에는 꽃이 있을 때가 많아졌어요. 우연히 가게 된 새벽 꽃시장에서 그동안 몰랐던 꽃의 매력에 빠져버렸거든요. 꽃시장의 활기찬 분위기와 매혹적인 향기 때문이었는지, 안 사면 손해인 듯한 착한 가격 때문이었는지 알 수 없지만, 그날 저는 양손 한아름 꽃을 사 와서 집 안 곳곳에 놓았어요. 식탁 위는 물론이고, 주방 싱크대, 안방 화장대, 거실 테이블까지. 집 안에 있는 모든 화병을 다 꺼내서 꽃을 꽂았어요.
집 안에 살아 숨쉬는 무언가가 있다는 생동감과 활기가 집 안 전체를 화사하게 밝혀주는 것 같아서 기분이 좋아졌어요. 그 이후로 저는 시간이 날 때마다 꽃시장에 가서 꽃을 사 옵니다. 때로는 꽃시장 가는 것 자체만으로도 그날 하루 종일 기분 좋은 시간을 보낼 수 있었어요.

그렇게 저의 꽃 사랑은 시작되었습니다. 처음에는 어떤 꽃을 사서 어떻게 놓아야 예쁜지 몰라서 그냥 예뻐 보이는 꽃을 잔뜩 사 왔어요. 사온 꽃들은 하나하나 보면 예뻤지만 한꺼번에 모아서 꽂아놓으면 촌스러워 보이더라고요. 그래서 SNS나 인터넷에 올라온 꽃다발 이미지를 보면서 공부를 했어요. 또 꽃시장에 갈 때는 좋아하는 꽃의 이미지를 미리 찾아서 핸드폰에 저장해두고 비슷한 분위기의 꽃들을 사 왔죠. 그렇게 사진을 보면서 비슷하게 따라 해보고, 계속 연습하니 제 꽃꽂이 실력도 조금씩 나아지더군요.

한참 꽃에 빠져 있을 때 외국 인테리어 이미지에서 눈에 띄는 게 있었습니다. 바로 올리브나무 화분이었지요. 제가 좋아하는 스타일의 이미지에는 약속이나 한 듯 올리브나무 화분이 한켠에 자리 잡고 있었어요. 낮은 채도의 은은한 초록빛 잎사귀들이 감성적이면서도 차분한 이미지를 만들어주었어요. 마치 지중해 어느 휴양지의 기분 좋은 에너지를 집으로 가져온 것만 같았죠.

과연 내가 이 화분을 사서 잘 키울 수 있을까, 걱정이 들긴 했지만 도전해보기로 했습니다. 주말에 꽃시장에 갔는데, 생각보다 비쌌어요. 잎이 무성하고 키가 큰 것은 15~20만 원 정도였습니다. 여러 군데를 둘러보다가 모양도 예쁘고 가격도 적당한 한 그루를 골랐고, 화분은 올리브나무와 잘 어울리는 토분으로 정했습니다.

그렇게 거실 한켠에 자리 잡은 올리브나무는 화이트 일색이던 거실에 은은한 초록잎이 포인트가 되면서 편안한 분위기를 만들어주었지요.

올리브나무를 키우는 일은 생각보다 어렵지 않았어요. 일주일에 2번 정도 물을 듬뿍 주고, 따뜻하게 해주고, 환기를 시켜주면 됐어요. 저희 집은 늘 따뜻했고, 매일 환기를 하고 있으니 물 주는 일만 잊어버리지 않으면 되는 거였죠.

올리브나무를 키우기로 한 목적은 인테리어를 위한 것이었는데, 화분 하나가 집 안은 물론이고 제 기분도 달라지게 하더라고요. 초록색은 피로를 풀어주고 마음을 진정시켜주는 효과가 있다고 하잖아요. 저희 가족 모두 올리브나무에게 긍정적인 힘을 받고 있는 건 분명한 것 같아요.

얼마 전에는 꽃시장에서 큰 아레카야자를 사왔어요. 겨울이 지나고 봄이 오니 거실 분위기를 조금 바꿔보고 싶었는데, 올리브나무보다 더 진하고 선명한 초록색과 높이 뻗어 있는 잎들이 화사하고 밝은 분위기를 내뿜는 아레카야자가 딱이었거든요.

올리브나무는 당분간 저희 침실로 가게 되었어요. 이제 침실에서도 올리브나무의 향긋한 냄새를 맡으며 휴식을 취할 수 있겠지요?

**TIP**

꽃과 식물을 함께 보려면 '양재화훼단지'에 가는데, 이곳에는 생화 도매시장과 분화 도매시장이 함께 모여 있어서 한 번에 생화와 식물, 화분까지 구매할 수 있어요. 주차장도 넓어서 화분을 구매할 때는 차를 갖고 가는 편이에요. 보통 생화 시장은 밤 12시에 시작해서 오후 1시에 문을 닫으니 방문할 때는 꼭 영업 시간을 확인해야 합니다.

플랜테리어는 식물(plant)과 인테리어(interior)의 합성어로, 식물이나 화분으로 포인트를 주는 자연 친화적인 인테리어를 말합니다.

## 1. 올리브나무

그리스를 대표하는 식물로, 지중해를 연상시키는 편안한 이미지의 식물입니다. 흙의 표면이 완전히 마른 후 화분 밑으로 물이 충분히 빠지도록 물을 줍니다. 빛에 노출되지 않으면 가늘게 늘어지므로 해가 잘 드는 따뜻한 곳에서 키우는 게 좋습니다. 새순이 잘 자라는 편이라서 예쁜 모양을 유지하려면 가지치기를 잘해줘야 합니다.

## 2. 아레카야자

열대 지역을 연상케 하는 길고 선명한 초록잎의 아레카야자는 싱그러운 모습과 커다란 키 때문에 압도하는 존재감으로 분위기를 변화시켜 줍니다. NASA가 선정한 공기정화식물인 만큼 반려식물로도 사랑받고 있습니다. 건조하면 잎이 노랗게 변해서 습도를 충분히 유지시켜 주는 것이 좋고, 물은 흙이 건조해졌을 때 충분히 주면 됩니다.

## 3. 유칼립투스

온 집 안에 풍기는 향기가 매력적인 유칼립투스는 따뜻하고 햇볕이 잘 드는 곳에서 키워야 합니다. 과습, 건조에 모두 민감한 식물로, 물 조절을 잘해야 예쁘게 키울 수 있습니다.

## 4. 소포라

작은 잎이 얇고 굴곡이 있는 줄기와 함께 우아함을 뿜내는 소포라는 키우기에 난이도가 있어 신경을 써야 합니다. 통풍이 매우 중요해서 환기가 잘되는 곳에서 키워야 합니다. 과습에 약해 물주기에 신경을 써야 하고, 낮과 밤의 온도차를 느낄 수 있는 곳에서 잘 자랍니다.

## 5. 허브

큰 화분이 부담스럽다면 작은 허브를 키우는 것도 추천합니다. 허브는 스트레스를 날려줄 기분 좋은 향기와 앙증맞고 귀여운 모습이 예뻐서 많이 키우는 식물입니다. 바질, 애플민트, 로즈메리 등은 음식에도 많이 사용하니 직접 재배해서 식자재로 사용하면 묘한 성취감도 느낄 수 있습니다. 허브는 보통 일주일에 2~3번 물을 주고 햇볕이 잘 드는 곳에서 키워야 합니다.

## 6. 떡갈고무나무

공기정화에 탁월하고 넓은 잎이 매력적인 식물입니다. 고무나무의 원산지는 대부분 더운 나라이기 때문에 수분을 두껍고 넓은 잎에 저장해두는 습성이 있어서 조금 건조하게 관리해주는 게 좋습니다. 강한 햇빛은 피하고 통풍이 잘되는 곳에서 키우면 잘 자라는 식물입니다. 보통 7~10일 사이에 흙이 말랐을 때 물을 흠뻑 주면 됩니다.

# 시간이 지날수록
# 더 멋스러운 물건들

물건 중에는 시간이 지날수록 더 근사하고 멋있어지는 것이 있습니다. 망고나무 원목으로 만든 도마, 질 좋은 가죽으로 만든 슬리퍼 등 제대로 정성 들여 만든 것들은 세월과 함께 멋이 깃듭니다.

그래서 이제 무언가를 살 때는 시간이 흐른 뒤에 그 물건이 어떤 모습이 될지를 생각해보기도 해요. 그런 물건들로 채워진 집은 굳이 반듯하게 정리를 해놓지 않아도 자연스러운 멋이 느껴지니까요.

어떤 물건은 그 자체로도 인테리어를 멋스럽게 만들어주기도 하고, 때로는 일상을 한층 빛나게도 만들어줍니다. 저희 집을 더 매력적으로 만들어주는, 제가 정말 아끼는 몇 가지를 소개할게요.

### 밤을 밝혀주는 조명

저는 해가 지면 노란 불빛의 스탠드를 켜놓습니다. 거실과 방 모두요. 보통 8시 즈음인데, 이 시간은 아이와 함께 저녁을 먹고 목욕까지 마친 후 자기 전 간단한 놀이를 하는 시간이에요.

우연히 본 책에 의하면, 아이에게 규칙적인 습관을 갖게 해주기엔 우리나라 가정에서 사용하는 형광등은 너무 밝다고 해요. 캄캄한 밤에도 낮처럼 밝은 형광등을 사용하면 아이들의 신체 시계가 밤을 인지하지 못해서 잠자리에 드는 시간 또한 늦어진다고요. 그때부터 저는 모든 일과를 마친 후에는 집 안에 스탠드 램프를 켜놓습니다. 집 안을 따뜻하게 감싸주는 노란 불빛은 하루를 마무리하기에 적당했습니다. 차분한 분위기에서 하루를 마감하기에 알맞은 분위기라고 할까요?

특히 침실에 놓고 쓰는 작은 테이블 램프는 10년도 더 된 스탠드인데 심플하면서 모던한 디자인으로 어디에 놓아도 무난하게 어울리는 아이템이에요. 3단계 밝기 조절이 가능한데, 책을 읽을 때는 가장 밝게 하고, 남편과 대화를 나누거나 TV를 볼 때는 가장 어두운 밝기로 조절해서 사용하고 있어요. 그러다 보니 침실에서 메인 조명은 거의 켜지 않고 스탠드 빛만으로도 충분히 잘 지내고 있답니다.

## 쉽게 분위기를 바꿀 수 있는 액자

하얀 벽지로 둘러싸인 저희 집은 거실은 물론이고, 주방과 안방까지 곳곳에 액자가 많이 걸려 있어요. 자칫 지루하고 심심할 것 같은 벽을 액자가 생기 있게 만들고 있지요. 액자는 안에 있는 그림에 따라서 공간의 분위기를 바꿀 수 있으니, 이만큼 효과적인 인테리어 소품이 또 있을까 싶어요.

## 아로마 향초

현관문을 열고 들어올 때 익숙한 향이 느껴지면 자동적으로 온몸이 편안해지면서 우리 집에 왔다는 안도감이 듭니다. 저는 향수는 딱히 좋아하지 않지만 은은하게 집 안을 감싸주는 향초를 좋아합니다. 특히나 스파에 온 것 같은 아로마향을 좋아하는데, 침실에 제가 좋아하는 스탠드를 켜놓고 버너램프에 아로마향 오일 한 방울을 떨어뜨리면 하루의 피로가 싹 가시는 것 같아요.

하지만 아이가 태어난 후 한동안 향초를 사용하지 못했어요. 대신 집 안에는 늘 사랑스러운 아기 냄새가 가득했지요. 그렇게 몇 년을 지내다가 얼마 전 친한 동생이 만든 향초를 집에 들여놓았어요. 아이에게도 괜찮은 성분으로 만들었다고 하더군요. 덕분에 다시 은은한 향이 집 안을 채우기 시작했어요. 향기는 그 자체만 기억되는 것이 아니라, 그 향을 맡았을 때의 장소와 시간, 기분까지도 함께 기억되는 것 같아요. 여전히 아이 때문에 예전만큼 자주 향초를 켜놓진 않지만, 향초 가까이 다가가는 것만으로도 하루하루 좋은 기분이 쌓일 수 있게 해주고 있어요.

## 린넨 목욕가운

저는 요즘 린넨 목욕가운의 매력에 빠졌어요. 우연히 H&M Home 매장에 들렀다가 발견했는데, 물이 닿아도 무겁지 않을 가벼운 린넨 소재에, 차분하면서 편안한 그레이 톤의 색상, 심플하면서도 세련된 디자인까지 어디 하나 흠 잡을 데가 없는 가운이었어요.

안방 욕실문에 걸어두고 사용하고 있는데, 저는 그 모습도 참 좋아요. 딱히 둘 곳이 없어서 문에 걸어놓았을 뿐인데, 꾸미지 않은 자연스러운 분위기가 안방과 묘하게 잘 어울리더군요. 린넨의 특성상 항상 구깃구깃한 모습이지만, 그 모습마저 멋스럽고 색상 또한 안방이 가지고 있는 톤과 잘 어울려서 인테리어 소품 역할까지 톡톡히 하고 있어요.

## 무엇을 먹든, 호두나무 원목 접시

혼수로 샀던 그릇은 모두 아무 무늬도 없는 흰색이었어요. 그땐 화이트 식기가 유행이어서 생각 없이 구입했던 거죠. 그런데 결혼하고 나서 몇 가지 요리를 해보니 알겠더라고요. 화이트 식기에 담긴 요리가 근사해 보이려면 정말 요리를 잘해야 한다는 것을요. 제가 하는 음식은 단순해서 화이트 식기에 담으면 오히려 썰렁해 보였어요. 그때부터 조금씩 식기에 관심을 갖게 되었어요.

우연히 인테리어 소품 매장에 들렀다가 크기가 조금 큰 검정색 파스타 접시를 샀는데, 의외로 한식과 양식 모두 잘 어울려서 한동안 그 접시만 사용한 적도 있어요. 요즘에 제가 좋아하는 접시는 호두나무 원목으로 만든 접시예요. 도자기 접시와는 또 다른, 훨씬 감성적이고 서정적인 느낌이 들죠. 때론 고급스러운 분위기도 나고요. 빵, 과일, 심지어 햄버거나 치킨까지 모든 음식을 이 접시에 올리면 무심하지만 더 차려진 듯한 느낌을 준답니다. 집에서 조촐한 간식을 먹더라도 대접받는 기분도 들고요.

위에 컵을 놓더라도 멋스럽게 레이어드되어서 트레이 역할로도 훌륭하지요. 원목 접시는 습기에 약해서 도자기보다는 관리하기가 조금 번거롭지만, 원목 접시 하나가 주는 만족감은 너무나 커서 당분간은 이 접시를 사랑할 수밖에 없을 것 같아요.

# 집에 손님이 오면

예전에는 집에 손님이 올 일이 별로 없었어요. 집 주변에 사는 친구도 없었고, 친정 식구도 멀리 살고 있어서 생일이나 특별한 날을 제외하고는 저희 집에 누군가가 방문할 일은 별로 없었죠.

그런데 아이가 자라 아파트 단지 내에 있는 어린이집에 다니면서 꼬마 손님들을 초대하는 경우가 종종 생겼어요. 아이들의 엄마도 함께 말이지요. 사실 꼬마 손님들이 오면 집 안이 난리법석이 되지만, 제가 더 신이 날 때도 많았어요. 가까운 거리에 육아에 대한 이야기를 함께 나누는 비슷한 또래의 친구들이 생겨서 든든하고 의지가 되었고, 엄마들과 조근조근 수다를 떨고 나면 육아로 쌓인 스트레스가 날아가는 기분이었고요.

손님을 자주 맞다 보니 저는 더 부지런해졌어요. 대부분 미리 약속을 하고 오는 것이 아니라, 아이 하원 후에 즉흥적으로 오는 경우가 많아서 항상 집을 정리해놓으려고 노력했거든요. 거창하고 격식 있는 초대는 아니지만, 저희 집에 온 친구들이 편안하면서 기분 좋은 시간을 보낼 수 있었으면 하는 마음에 평소에 조금씩 신경을 썼어요.

거실에 이리저리 흩어져 있는 물건들도 항상 제자리에 놓으려 했고, 현관에도 꼭 필요한 신발만 꺼내놓아 깨끗하게 정리하려고 노력했죠. 처음에는 갑작스럽게 손님이 오면 지저분한 집이 창피할까 봐 정리를 했는데, 어느새 습관이 되어버렸어요. 덕분에 이제는 그때그때 조금씩만 정리해도 단정한 모습을 유지할 수 있게 되었지요.

화장실은 특히 신경을 많이 써요. 집 안에 들어오자마자 아이들이 손을 씻느라 꼭 한 번씩 들르는 곳이니까요. 혹시나 물때가 끼지 않도록 틈틈히 세면대와 젠다이를 닦아주고, 바닥의 머리카락도 보이는 대로 치우고요.
고급스러운 느낌의 욕실은 아니지만 정갈하고 기분 좋은 느낌을 줄 수 있도록 꾸미려 하고 있어요. 부드러운 와플면 재질의 핸드타월과 기분 좋은 향의 핸드로션도 트레이에 담아놓고, 또 아로마 향초를 서랍장 맨 밑에 두어서 욕실에 은은한 향이 퍼질 수 있도록 하고요.

테이블 웨어도 작은 변화를 주었어요. 머그컵과 유리컵만 가득한 찬장에 세트로 된 예쁜 커피잔을 들였어요. 거기에 기분 좋은 허브향이 느껴지는 차를 내놓으니 손님들도 저도 더할 나위 없이 기분 좋은 오후를 보낼 수 있었거든요.

사실 거실에 소파를 2개 놓은 건 손님들이 자주 오기 때문이기도 했어요. 소파 하나에 테이블도 마땅히 없을 때는 한데 모여 대화를 나누는 공간으로는 부족해서 늘 아쉬웠어요. 식탁은 항상 제 컴퓨터가 점령하고 있어서 대화를 나누기에는 어딘가 불편했죠.

그래서 여러 명이 모임을 가질 수 있는 공간을 생각하다 소파를 ㄱ자 모양으로 놓는 건 어떨까 생각했죠. 가운데 원형 테이블까지 놓으니 손님들이 와도 편안하게 차를 마시기에 좋은 분위기가 되었죠.

손님들이 돌아간 후에는 난장판이 되어 있는 아이방과 집 안 곳곳을 치우느라 몸이 힘들기도 했지만, 저는 그 시간이 참 좋았어요. 평소에는 딸아이와 둘이서 조금은 적막하게 지내기도 했는데, 집 안이 아이들이 해맑게 웃는 소리로 가득 차면 마음이 넉넉해지고 행복했어요.

제게 집이란 좋아하는 사람들과 함께 즐거운 시간을 보내는 공간, 사소한 일상도 특별한 날이 될 수 있는 공간, 매일 하루하루를 건강하게 보낼 수 있도록 나와 우리 가족을 든든하게 지켜주는 소중한 공간이에요.

이미지 출처 : 1. 자라홈   2. 트위그뉴욕   3. 이케아   4. 자라홈   5. 쿠스미티

## 1. 플레이팅 도마

원목 도마는 음식을 자르는 용도뿐 아니라 담아내는 그릇으로도 훌륭한 역할을 합니다. 도마에 과일이나 빵, 쿠키 등을 올려놓으면 조금 더 신경 쓴 듯한 느낌이 나서 정말 유용하게 사용하고 있어요. 이때 나무로 된 스푼이나 나이프, 접시 등을 함께 놓으면 통일감을 주면서 센스 있는 플레이팅이 완성됩니다.

## 2. 찻잔

일상적으로 사용하는 머그컵이나 유리컵보다는 컵과 소서(컵받침)가 세트로 된 찻잔을 내놓으면 홈카페 분위기를 더해서 손님도 대접받는 느낌을 받으며 즐거워하더라고요. 저는 세련되면서도 예술적인 느낌이 나는 트위그뉴욕과 여성스러운 느낌이 물씬 나는 웨지우드 찻잔을 좋아합니다.

## 3. 기분 좋은 차

평소에는 커피를 즐겨 마시지만, 특별한 시간을 만들고 싶을 때는 향기로운 차만한 것이 없지요. 특히 티팟에 찻잎을 우려내면서 마시면 깊은 향기와 은은하게 퍼지면서 몸도 마음도 힐링이 되는 것 같아서 참 좋아요. 또 요즘은 차 브랜드의 패키지가 얼마나 예쁜지, 테이블에 올려놓으면 그 자체로도 훌륭한 인테리어 소품이 되어주기 때문에 손님 접대용으로는 여러모로 제격입니다. 쿠스미티, 포트넘앤메이슨 같은 티 브랜드는 감미로우면서 다양한 종류의 맛으로 골라 마시는 재미까지 있어 애용하고 있어요.

## 4. 테이블보

테이블보는 테이블 분위기를 한순간에 변화시킬 수 있는 마법 같은 아이템이에요. 식사 때는 더욱 격식 있는 자리를 만들어주고, 차를 마실 때는 티테이블 위에 가볍게 올리기만 해도 테이블보에 따라 분위기가 달라지거든요.

연한 그레이 컬러의 린넨 테이블보는 어떤 테이블웨어와도 잘 어울려서 자주 사용해요. 체크무늬 테이블보는 집 안에서도 마치 피크닉 온 듯한 분위기를 연출해주어서 바람이 따뜻한 봄날에 가끔씩 분위기를 바꿀 겸 사용하고 있어요.

## 5. 핸드타월

저희 집 화장실에는 늘 핸드타월이 트레이에 준비되어 있는데, 꼬마 손님들이 오는 경우는 특히 개수를 더 많이 준비해놓아요. 아이들은 손이나 입을 씻는 경우가 많아서 작은 핸드타월을 사용하는 게 더 편리하거든요. 핸드타월은 주로 자라홈에서 나오는 와플면 재질을 사용하고 있어요. 면도 부드럽고 색감도 다양해서 트레이 위에 올려놓으면 화장실 분위기를 한층 업그레이드시켜주는 역할을 합니다.

# 실패 없는 소품 쇼핑

요즘 SNS에서 인기 있는 집스타그램을 보면 하나같이 예쁜 소품들이 눈에 띕니다. 세상에는 어쩜 이렇게 예쁜 물건이 많은 걸까요? 자라홈이나 이케아만 가더라도 시즌마다 탐나는 소품이 얼마나 많은지.

소품을 잘 활용하면 밋밋해 보이던 테이블이 감성 가득한 힐링 포인트가 되기도 하고, 예술적인 패턴의 쿠션 하나로 단조로웠던 소파가 화사하고 세련되어 보이기도 하지요. 인테리어 소품은 집에서 꼭 필요한 필수품은 아니지만, 어떤 소품을 매치하느냐에 따라 집주인의 감각을 보여주는 중요한 아이템입니다.

그런데 유명한 인테리어 소품 매장에 가서 멋지다고 생각된 소품을 사서 집으로 들어오는 순간 실패했음을 느낄 때가 있습니다. 그것도 많이요. 특히나 작은 소품은 예쁘다고 이것저것 샀다가는 한데 어울리지도 않고, 하나씩 놓으면 오히려 잡동사니처럼 보이기도 해서 애물단지가 되는 일이 많습니다.

저 역시도 그런 경험이 꽤 많아요. 대형 쇼핑몰에 갔다가 휴양지풍 콘셉트로 전시되어 있는 것에 반해서 거기에 있던 딥블루 컬러의 캔들 홀더와 보타닉 패턴의 쿠션, 작은 라탄 바구니를 주저 없이 샀는데, 집에 돌아와 보니 거실에 있는 진회색의 소파와 보타닉 패턴의 쿠션은 어울리지 않았고, 캔들 홀더는 너무 작아서 한 개로는 포인트 소품이라고 하기 민망할 정도로 존재감이 없었어요. (매장에서는 여러 개를 한데 모아놓으니 더 화려하고 멋있어 보였나 봐요.) 또 단색 위주의 모던한 가구뿐인 집 안 어느 곳에도 라탄 바구니를 놓기에는 어딘지 애매하고 어색해 보였습니다.

이제는 집에 필요한 물건이 있다면 미리 어떤 디자인이 우리 집에 어울릴 것인지 온라인으로 최대한 많이 검색해보고, 대략적인 제품 이미지를 선정해놓아요. 온라인으로 구매하는 경우도 많지만, 매장을 방문할 여유가 있다면 가능한 실물을 보고 이 제품을 우리 집에 놓으면 어떨지 충분히 생각해본 다음 결정합니다.

이때 집을 찍은 사진이 있으면 좋아요. 집 안 사진을 보면서 물건을 고르면 막연히 머릿속으로 생각하는 것보다 훨씬 도움이 되거든요. 그래서 저는 평소에 집 사진을 종종 찍어두는 편이에요. 거실이나 침실 등 공간마다 전체적인 컷과 장식장이나 테이블 위 등 디테일한 모습도 찍어두어요. 그렇게 신중하게 생각하고 고민하다 보니 실패하는 일이 줄어들었어요.

평소에 잡지나 인터넷에서 발견한 멋진 이미지를 따라 해보는 것도 인테리어 실력을 늘릴 수 있는 좋은 방법이에요. 단순히 보는 것도 좋지만, 실제로 해보는 것은 몇 배의 성과를 거둘 수 있거든요. 그냥 사진만 볼 때는 나도 저런 느낌 정도는 낼 수 있지, 하고 생각해도 막상 실제로 해보면 어떤 소품을 어떻게 놓아야 하는지 어려울 때가 많아요. 그래서 자꾸 연습해보는 것을 권합니다.

예를 들어, 잡지에서 본 원형 우드 트레이에 향초와 크리스탈 수납함이 놓여 있는 이미지가 예뻐 보인다면, 똑같은 제품은 아니지만 비슷한 느낌의 제품을 골라서 최대한 비슷한 분위기를 내보는 거죠. 꼭 새 제품을 사지 않더라도 집에 비슷한 느낌의 소품이 있다면 그걸 활용해보면 더욱 좋고요. 여러 번 따라 해보면 이미지에 자신의 취향을 담아 더 훌륭한 분위기를 낼 수 있을 거예요.

작은 소품을 통해 자신감이 생기고, 우리 집엔 어떤 스타일이 어울리는지 파악할 수 있게 되었다면, 이번에는 조금 더 부피가 크고 존재감이 강한 조명이나 액자 등의 소품에 도전해보는 겁니다. 조명이나 액자처럼 인테리어에서 비중이 높고 가격대도 높은 아이템은 교체 주기가 길기 때문에 가능하면 구매할 때 최대한 자신의 취향에 맞고, 우리 집에 맞는 것을 선택하는 것이 좋으니까요.

인테리어 소품을 고르는 일은 생각보다 어렵지만, 조금만 관심을 가지고 연습도 하면 금세 안목이 생깁니다. 그럼 센스 있는 인테리어를 완성시켜줄 몇 가지 소품을 소개할게요.

## 1. 화병

화병은 꽃을 꽂아놓는 데 활용되기도 하지만, 도자기 재질의 화병은 그 자체로 오브제로도 활용이 가능합니다. 특히 원형, 도너츠 모양, 피라미드 형태, 절구형 등 조형적인 디자인 화병은 선반이나 서랍장 위에 한두 개만 무심히 놓아도 감각적으로 보일 수 있는 소품입니다. 선반에 올려놓을 때는 15cm 정도 사이즈가 적당하고, 30cm 이상의 사이즈는 장식장이나 테이블 위에 한 개만 올려놓아도 포인트 역할을 해줍니다.

## 2. 말린 유칼립투스

생화를 매번 사면 좋겠지만 그렇지 못하는 경우가 많으므로 프리저브드 꽃을 한 종류 사놓으면 활용하기 좋습니다. 프리저브드는 꽃에 약품 처리를 해서 오랜 시간 보존할 수 있도록 만든 것입니다. 저는 조화는 별로 좋아하지 않아 프리저브드 꽃을 이용하는데, 특히 유칼립투스는 생화처럼 그 모습을 6개월 이상 지속할 수 있고, 사이즈도 커서 웬만한 화분 역할을 해 활용도가 많은 꽃입니다. 유칼립투스 외에도 라벤더나 미스티블루, 팜파스 등도 추천합니다.

## 3. 디퓨저

향기가 더해진 공간은 훨씬 매력적으로 느껴지지요. 디퓨저는 향기로 공간을 아름답게 만들 수 있게 도와주기도 하지만, 패키지 자체가 아름다운 제품이 많아서 인테리어 소품으로도 활용 만점인 아이템입니다. 특히나 고급스러운 이미지를 가지고 있어서 선물하기에도 좋은 소품이지요. 저는 디퓨저가 담긴 박스도 버리지 않고 디퓨저 옆에 함께 두기도 하는데, 디퓨저 병뿐만 아니라 박스 패키지도 요즘에는 너무 예쁘게 나와서 빈 박스지만 디퓨저 옆에 두면 훌륭한 소품이 됩니다.

## 4. 디자인 서적

인기 있는 SNS의 사진을 보면 빠지지 않고 등장하는 아이템이 있습니다. 바로 책인데, 표지가 예쁜 디자인 서적이나 잡지는 테이블 위에 다른 소품과 함께 올려놓으면 멋진 화보처럼 보이기도 합니다. 특히나 외국 디자인 서적은 표지 자체가 아트포스터처럼 감각적이어서, 사이즈가 조금 큰 책은 서랍장이나 협탁 위에 액자처럼 벽에 기대어놓아도 손색이 없습니다. 감각적인 표지뿐만 아니라 알찬 콘텐츠로 인기를 끄는 잡지로는 『킨포크』, 『시리얼』, 『밀크』 등이 있습니다.

## 5. 소품 트레이

쟁반처럼 생긴 트레이 하나가 있으면 소품이 정리되어 보입니다. 플라스틱, 우드, 철제 등 다양한 종류의 트레이를 분위기에 맞게 잘 사용하면 한결 고급스러운 느낌도 나지요.

저는 욕실에는 플라스틱으로 된 하얀색 트레이 위에 물비누나 로션을 올려놓습니다. 젠다이 위에 바로 올려놓는 것보다 안정감이 들고 정돈된 느낌이 나거든요. 드레스룸의 선반 위에는 핑크색 철제 사각 트레이를 놓고 그 위에 액세서리나 향초 등을 올려놓았어요. 조금 더 감성적인 분위기를 내고 싶을 땐 우드 트레이를 사용하는 것도 좋습니다.

소품용 트레이는 너무 큰 사이즈보다 20cm 정도 되는 사이즈가 활용도가 높아 자주 사용합니다. 너무 크면 괜히 이것저것 담아야 할 것만 같아 더 복잡해 보일 수 있거든요. 약간 작은 듯한 사이즈에 소품 두세 가지만 담아놓는 게 예뻐 보입니다.

인테리어 소품을 고르는 일은

생각보다 어렵기도 하지만,

조금만 관심을 가지고 연습하면 금세 안목이 생긴다.

물건을 고르는 일도, 공간을 꾸미는 일도

반복을 통해 경험을 쌓아가는 것이 중요하다.

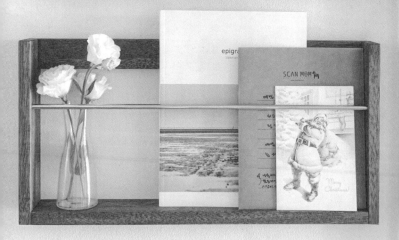

# 리빙 소품 언제 싸게 살까?
— 알아두면 득템하는 리빙 브랜드 세일 기간

저는 직업상 리빙 브랜드의 온오프라인 매장을 자주 둘러보는데, 우연히 들렀던 매장이 세일 기간이거나, 또는 깜짝 세일을 해서 그동안 눈여겨보았던 제품을 기존 가격보다 저렴하게 사게 되면 왠지 돈을 번 것 같은 기분이 들기도 해요.

물론 세일한다고 충동구매를 하는 건 지양하지만, 평소에 정말 필요하고 갖고 싶었던 제품을 세일 기간 때 구매한다면 꽤 괜찮은 소비를 하는 것이라고 생각해요. 그래서 이번에는 알아두면 좋은 리빙 브랜드 세일 기간을 정리해봤습니다.

## 1. 자라홈

자라홈은 패션 브랜드 ZARA의 라이프 스타일 브랜드인데, 부담스럽지 않은 가격대와 좋은 품질을 갖고 있습니다. 트렌디하면서 합리적인 가격의 침구, 인테리어 소품, 소가구 등을 판매합니다.

자라홈은 1년에 2번 여름과 겨울에 세일을 합니다. 보통 ZARA와 같은 기간에 하는데, 7월과 12월경입니다. 최대 70%까지 할인하고, 보통은 30~50% 할인된 가격에 제품을 구매할 수 있습니다. 세일 기간 초기보다 후반으로 갈수록 할인 폭은 더 커지지만, 대신 남아 있는 재고는 점점 없어지니 세일 기간에는 재고를 선점하는 것이 좋습니다.

또 오프라인 매장과 온라인 매장의 재고 및 할인 폭은 조금씩 다를 수도 있으니, 오프라인 매장과 온라인 모두 방문해보는 것이 좋습니다. 하지만 보통은 온라인에 보유 재고가 더 많으니, 시간이 없다면 온라인만 공략하는 것도 좋습니다.

자라홈은 인테리어 소품뿐 아니라 홈웨어도 판매하는데, 특히 잠옷이나 홈슬리퍼 등은 소재가 좋고 디자인이 예쁜 제품이 많습니다. 잠옷은 평소에 10만 원대에 판매하지만, 세일 기간에는 50~60% 정도 할인하는 것이 많아 부담스럽지 않은 가격에 구입할 수 있어 추천합니다.

https://www.zarahome.com/

## 2. H&M HOME

H&M HOME은 패션 브랜드 H&M에서 라이프 스타일 제품을 판매하는 곳입니다. 자라홈이 웹사이트 및 매장을 분리해서 운영하는 데 반해 H&M HOME은 H&M의 웹사이트 내에서 카테고리만 분리되어 있습니다. 세일 기간도 H&M과 같아서 1년에 2번, 7월과 12월으로 이 기간을 이용한다면 침구, 욕실용품, 러그 등을 할인된 가격으로 구매할 수 있습니다.

H&M HOME은 특히 수건이나 목욕 가운 등 욕실용품을 추천하는데, 수건은 색감이나 패턴이 이국적이거나 독특한 것이 많아 욕실 분위기를 바꿔주는 데 한몫하는 아이템이고, 세일 기간에는 1만 원 미만으로 구입할 수 있어 한 번쯤 구입해보면 좋은 곳입니다.

https://www.hm.com/

자라홈이나 H&M HOME처럼 세계적인 브랜드인 경우 인터넷으로 구매하려고 마음먹었다면, 국내 사이트 외에 미국 등 해외 사이트를 함께 확인해보는 것도 좋습니다. 대부분의 제품이 국내에서도 판매하고 있기는 하지만, 간혹 해외에서만 판매하는 제품도 있습니다. 또 국내에는 재고가 없는데 해외에는 재고가 있는 경우도 있습니다. 국내보다 제품 가격이 저렴하거나 할인 폭이 클 때도 있어서 배송료를 제외하고도 훨씬 저렴한 가격에 구입할 수 있습니다. 단, 배송 대행 서비스로 구매한 직구인 경우 교환이나 반품 절차가 복잡할 수 있으니 이 점을 꼭 유의해서 보다 현명한 쇼핑을 하면 좋을 것 같습니다.

### 3. 이케아

이케아는 7월과 12월에 정기 세일을 하지만, 상설 세일도 많이 합니다. 패밀리 회원을 위한 패밀리 세일이나 제품 품목별로 거의 매월 프로모션을 진행하고 있습니다. SNS를 팔로우하거나 회원 등록을 한 후 이벤트 소식 받기를 설정해놓으면 프로모션 등의 정보를 이메일로 받아볼 수 있습니다.

이케아 매장을 방문하면 꼭 가봐야 할 장소가 있는데, 바로 리퍼 제품이나 전시 상품 등을 할인해서 판매하는 상시 할인 장소입니다. 보통 계산대 옆쪽 한켠에 마련되어 있는데, 소품이나 가구, 조명, 러그 등 다양한 제품이 있어 운이 좋으면 내가 사려고 점찍은 제품을 만날 수도 있습니다. 제품에는 이상이 없지만 리퍼나 전시되었던 상품으로 약간의 오염 등이 있을 수 있어 20~50% 정도까지 큰 할인율로 저렴하게 판매하고 있습니다. 단, 이렇게 판매하는 가구의 경우는 조립되어 있는 상태 그대로 직접 가져가야 하니(배송 서비스 불가) 이 점을 꼭 염두에 두고 알뜰한 쇼핑을 하면 좋을 것 같습니다.

https://www.ikea.com/kr/ko

## 4. 로얄디자인

예전에는 해외 유명 리빙 브랜드를 판매하는 사이트에서 우리나라는 직배송 서비스가 되지 않아 배송 대행지를 통해 직구를 하는 경우가 많았습니다. 하지만 최근에는 유명 해외 사이트들이 한국 사이트를 오픈하고 한국어 서비스와 직배송 서비스를 제공하고 있습니다. 그중 한 곳이 로얄디자인인데 이딸라, 플로스, 구비, 로얄코펜하겐 등 해외 유명 리빙 브랜드를 판매하고 있습니다.

로얄디자인 한국 사이트는 아쉽게도 모든 브랜드 제품을 판매하지 않습니다. 우리나라에서 인기가 많은 루이스폴센도 로얄디자인 영국 사이트에서는 판매하지만 한국 사이트에서는 판매하지 않아 직구를 해야 하는 불편함이 있습니다.

배송은 재고가 있는 제품은 2~4일 정도로 국내 배송과 비슷하게 받아볼 수 있고, 재고가 없는 제품도 보통 일주일 정도 걸리니 예전처럼 직구한다고 오랜 시간 기다릴 필요가 없는 장점이 있습니다. 배송비는 한화 25만 원 이상이면 무료 배송이고, US 150달러 이하면 관세+부가세가 면제되니 최종 가격을 잘 확인해보고 구매하길 추천합니다.

https://royaldesign.kr/

**1. 더콘란샵** https://www.conranshop.kr/

영국의 하이엔드 라이프 스타일 편집숍으로, 유명 디자이너의 가구와 조명 등을 한자리에서 볼 수 있는 곳입니다. 1,000평이라는 규모만큼이나 다양한 제품이 진열되어 있어서 인테리어에 대한 감각을 한껏 키울 수 있는 곳입니다.

**2. 에이치픽스 도산** http://hpix.co.kr/

갤러리 형태의 편집숍으로, 하얗고 넓은 공간에 가구들이 작품처럼 전시되어 있어 마치 갤러리에서 전시를 보듯 가구를 감상할 수 있습니다.

**3. 챕터원 한남** http://chapterone.kr/

고메이494 한남에 위치해 있으며, 아름다운 디자인의 소품뿐 아니라 가구와 조명을 믹스 매치한 감각적인 인테리어가 새로운 영감을 주는 곳입니다.

**4. 에디토리** https://www.editori.kr/

음악을 좋아하는 분들은 가보면 좋을 편집숍으로, 오디오를 비롯해 음악과 잘 어울릴 것만 같은 가구, 조명, 소품 등을 함께 판매하는 매력적인 공간입니다.

**5. 호스팅하우스** http://www.hostinghouse.shop

카페와 함께 운영되고 있는 리빙숍으로, 뉴욕 라이프 스타일을 기반으로 한 다양한 리빙, 인테리어 제품을 제안하고 있습니다. 이국적인 분위기를 좋아하는 분들께 추천합니다.

집이 좋은 순간들

이제 막 건조기에서 꺼낸 포근한 이불에 누웠을 때

어제 사 온 꽃 향기가 집 안에 가득 퍼졌을 때

더운 여름날 선풍기 앞에서 시원한 맥주를 마실 때

동네 친구와 소박한 저녁 한 끼 하며 일상 이야기를 나눌 때

옷장에 반듯하게 개어놓은 옷을 볼 때

아이의 웃음소리가 집 안에 가득 찰 때

새벽부터 비가 내리는 날 아침에 일어나 창 밖을 보며 커피 마실 때

잠이 안 오는 밤 침대에 누워 좋아하는 영화를 볼 때

길이 막혀 오랜 시간 차에 갇혀 있다가 집에 도착했을 때

냉장고에 맛있는 음식들이 꽉 차 있을 때

마음에 드는 그림을 벽에 걸어놓았을 때

좋아하는 과자를 먹으며 읽고 싶었던 책을 펼칠 때

오랜만에 화장실을 청소한 날

가족이 모두 외출하고 혼자 소파에 누워 텔레비전을 볼 때

아이가 내 옆에서 세상 편안하게 자고 있을 때

# 우리 집, 아이도 좋아할까?

저는 지금 우리 집을 정말 좋아합니다. 매일매일 제 손길로 달라지는 모습도 좋고, 신중하게 구입한 소품도 볼수록 마음에 들고요. 그러다 문득 이런 생각이 들더군요. 과연 우리 집, 아이도 좋아할까?

예전에는 온 집 안이 아이의 놀이터였고, 아이를 위한 공간이었는데, 이젠 아이가 마음껏 어지럽히며 놀 수 있는 곳은 아이방과 발코니뿐인 집. 어쩌면 엄마의 취향만을 담은 공간이 아이는 불편하지 않을까?

아이는 늘 우리 집이 예쁘다고 말하지만, 아이가 생활하는 데 불편하다면 좋은 환경이 아닐지도 모르니까요. 특히나 가구며 벽까지 화이트 계열인 거실에서는 아이가 조금만 실수해도 금방 오염이 될 거라는 것을 잘 알고 있었어요.

그래서 한 가지 다짐한 게 있어요. 혹시라도 아이가 실수로 러그에 주스를 쏟거나 소파에 크레파스를 묻히더라도 절대 화내지 않기로. 제취향을 담기 위해 노력한 곳이지만, 그걸 지키기 위해 가족에게 스트레스를 주거나 잘못을 탓하는 건 옳지 않다고 생각하거든요.

다행히 지금까지 그 다짐을 잘 지켜내고 있어요. 아이가 물감 놀이를 하다 러그에 물감을 묻혀도 "앞으로 조금만 조심해줘"라고 말하고 대수롭지 않게 넘겨요. (물론 마음 한구석으로 속이 쓰리긴 하지만요.)

아이가 생겼다고 모든 라이프 스타일을 아이에게 맞출 필요는 없다고 생각해요. 하지만 아이도 저희 가족이기에 아이의 취향 또한 존중해야 한다고 생각합니다. 그래서 집을 바꾸면서도 아이가 집에 와서 생활하는 모습을 늘 관찰했어요. 유치원에서 돌아오면 거실에서 보내는 시간이 많은데, 아이의 행동 패턴을 보니 거실에서 몇 가지 수정해야 할 부분이 눈에 띄었어요.

우선 거실 테이블이 아이에게 불편한 것 같아서 바꾸기로 했어요. 지금의 거실 테이블은 아이에게 조금 높아서, 놀이할 때는 늘 접이식 책상을 꺼내달라고 했거든요. 다행히 신혼 때 쓰던 원형 테이블을 창고에 보관해두고 있었는데, 꺼내보니 높이가 낮고 크기도 커서 아이와 함께 사용하기에 적당했습니다. 색깔 또한 화이트여서 거실 분위기를 해치지도 않았고요.
또 아이가 거실에서 주로 미술 놀이를 하며 지내서 거실장을 정리해 그림 그리는 재료와 스케치북, 클레이 등을 종류별로 수납해놓았어요. 아이 키에 딱 맞는 거실장에 아이 물건을 수납해놓으니 필요할 때 쉽게 꺼낼 수 있어 아이 스스로 할 수 있는 일들이 많아졌어요.

무엇보다 발코니를 작은 놀이터로 만들어준 건 정말 잘한 일 같아요. 비록 창문을 통해서지만 자연을 가까이 느낄 수 있는 공간이어서인지 아이는 바깥이 훤히 보이는 발코니에서 노는 것을 정말 좋아하거든요.

언젠가 예쁜 마당에, 아이들이 좋아하는 옥탑방까지 있는 친구 집에 놀러간 적이 있어요. 딸아이는 마당에서 뛰놀고, 계단을 오르락내리락하며 한시도 쉬지 않고 즐겁게 놀았어요. 사계절의 변화를 온몸으로 느낄 수 있는 집이어서 잠시 머물렀을 뿐인데도 아이와 저는 참 즐거웠던 기억이 납니다. 아이에게 즐거운 추억을 안겨주는 주택에 사는 친구가 참 부럽다는 생각이 드는 하루였습니다.

하지만 꼭 주택이 아니면 어때요? 저는 지금 살고 있는 집의 장점을 잘 활용해서 아이도 함께 행복할 수 있는 집을 만들기 위해 항상 노력하려고요. 아이가 우리 집을 더 좋아하고, 집에서 가족과 함께하는 시간을 행복해할 수 있도록 끊임없이 고민하고 연구해보려 합니다.

하루하루가 아이에게 소중한 추억으로

기억될 집이 되기를 바라본다.

# 주말의 우리 집

나른하고 편안한 일요일은 평소보다 늦잠을 자고, 잔잔한 음악과 함께 하루를 시작합니다. 저는 커피를 내리며 남편과 아이가 먹을 과일과 빵 등 간단한 아침을 준비해요. 느긋하게 아침을 먹고 난 후 우리 가족이 하는 일이 있습니다. 바로 청소예요.

저희는 서로 바쁜 일과로 인해 매일 청소를 하지는 못해요. 평소에는 오전에 간단하게 청소기만 돌리는 편입니다. 그래서 일요일에는 그야말로 대청소를 하죠. 가구 위 먼지도 닦고, 바닥도 구석구석 닦고, 밀린 빨래도 하고, 화장실 청소도 하지요. 주로 남편이 청소기를 돌리고 저는 테이블이며, 문틈, 책상 등을 깨끗이 닦아요. 그렇게 보통 2시간 정도 청소를 하는데, 언제부터인가 청소 시간에 저희 부부가 놀라워할 일이 생겼습니다.

바로 저희 딸 이야기인데, 평소 제가 식사를 준비하거나 다른 집안일을 할 때는 계속 엄마를 찾으며 같이 놀자고 보채는데, 일요일 대청소를 하는 날에는 엄마나 아빠를 전혀 찾지 않고 혼자서 정말 잘 놀아요. 조용해서 찾아보면 자기 방에서 인형 놀이도 하고, 거실 소파에 앉아 혼자 책을 보기도 하고, 때로는 작은 수건을 들고 와서 엄마의 걸레질을 흉내 내기도 해요.

얼마 전에는 딸아이가 "엄마, 나는 노는 날 음악 들으면서 엄마랑 아빠랑 청소하는 게 좋아" 하고 말하는 거예요. 주말 대청소를 할 때 딸아이가 평소와 달리 보채거나 떼를 쓰지 않고 혼자서 시간을 잘 보내는 것에 대해 궁금했지만, 아직 아이가 어려서 어떤 마음인지 잘 설명하지 못할 거라 짐작해 지금까지 물어보지 않았거든요. 그런데 그 시간이 좋다는 말을 먼저 하다니, 제게는 정말 놀라운 일이었어요.
기분 좋은 음악이 흐르고, 조금 전까지 여기저기 어지럽혀 있던 물건들이 하나씩 제자리를 찾고, 건조기에서 나온 포근하고 부드러운 빨래 냄새가 집 안 가득 퍼지는 순간이 아이 역시 좋았나 봅니다.

그후에도 종종 딸아이가 "엄마, 나 엄마랑 여행 가서 아침 먹었을 때가 좋았어", "엄마, 나 그때 엄마랑 도서관에서 읽은 책이 좋았어"라고 기억에 남는 순간들을 이야기할 때가 있어요. 무심코 지나친 일상 속에서도 아이 역시 행복하다 느끼고, 또 그 순간들을 기억에 담고 있었다니 하루하루 제 모든 시간이 더 소중해졌습니다.

너의 웃음소리가 들리는 우리 집이

엄마는 제일 좋아.

먼 훗날 너에게도 행복했던 집으로 기억되길 바라.

# 우리 집,
# 계속 관심 가져주기

주위를 보면 한번 인테리어에 온갖 공을 들이고 나면 이후에는 집에 대한 관심도가 떨어지는 분들을 많이 봤어요. 저도 그랬답니다. 가구 하나까지 고민을 거듭했던 신혼집은 말할 것도 없고, 이 집 또한 열정을 다해 거실을 바꿔놓고 나서는 새롭게 달라진 거실이 마냥 좋기만 해서 몇 달은 그 모습 그대로 두었어요. 미처 끝내지 못한 두꺼비집 페인트칠하는 것도 미룬 채요.

페인트가 늦게 도착하는 바람에 아트월과 거실 가구를 교체하는 날 미처 인터폰 위에 붙어 있던 정체 모를 빨간 케이스에 페인트칠을 못 했는데, 변화된 거실 모습이 흐뭇하고 스스로 대견하다는 생각에 옥의 티 같던 그 빨간 케이스를 애써 외면하고 있었어요.

인테리어 공사를 하거나 홈스타일링을 할 때 한 번에 모든 걸 완벽하게 끝내기는 어려울 때도 있어요. 어떤 사정 때문에 계획했던 날에 다 끝내지 못하면 그 이후부터는 큰일은 해치웠다는 안도감과 남은 것쯤이야, 하는 생각이 더해져 자꾸 미루게 되더라고요.

거실 프로젝트를 끝내고 6개월쯤 지난 어느 날, 평소에도 눈에 거슬렸던 그 빨간색이 유독 더 튀어 보였어요. 결국 미뤄뒀던 페인트칠을 하기로 결심했습니다. 플라스틱 재질이라 프라이머를 바르고 마를 때까지 기다린 다음에 페인트칠을 해야 했지만 어렵지 않게 빨리 끝낼 수 있었어요. 이렇게 쉬운 걸 왜 그동안 미뤘을까? 숙제 하나를 마쳤다는 생각에 기분이 참 좋았습니다.

그런데 사람 마음이 참 이상하죠? 페인트칠로 작은 변화가 시작되니 이 기회에 조금 더 변화를 주고 싶은 마음이 생겼습니다. 원래 사각형의 원목 테이블을 놓았는데, 전체적으로 화이트 콘셉트인 거실 공간에 어울리지 않는 것 같았어요. 테이블 자체만 보면 참 예뻤지만, 저희 집 거실에 있으니 칙칙해 보이는 것이 계속 마음에 걸렸거든요.
마침 옷방에 예전에 쓰던 화이트 티테이블이 있었는데, 위치를 바꿔보면 어떨까, 하는 생각이 들었어요. 사각형 원목 테이블은 안에 수납공간도 있어서 옷방에 놓으면 잘 쓰지 않는 가방이나 옷도 수납할 수 있어서 더 유용할 것 같았습니다.

그렇게 안 쓰던 화이트 테이블이 거실로 나왔고, 그 위에 자주 보는 책과 작은 화병, 디퓨저를 올려놓았어요. 그러자 원목 테이블이 있었을 때의 칙칙함은 온데간데없고, 마치 처음부터 그 자리에 있었던 듯 거실과 아주 잘 어울렸습니다.
그 후로 며칠 동안 화장실 갈 때도, 주방 갈 때도 한 번씩 뒤돌아보면서 저도 모르게 흐뭇한 미소를 짓게 되더라고요. 일을 하다가도, 책을 읽다가도 자꾸 거실을 보게 되고요. 왜 그런 날 있잖아요. 화장이 잘되고,

좋아하는 옷을 입은 날은 자꾸 거울을 들여다보게 되는 그 마음요.

살다 보면 처음에는 마음에 들었던 곳이라도 바꾸고 싶은 생각이 들거나 불편한 점이 생기곤 해요. 그럴 땐 그곳을 지그시 몇 분 동안 바라봅니다. 자꾸 보고, 자주 생각하다 보면 어떻게 더 예쁜 공간으로 꾸밀 수 있을지, 어떻게 더 편리한 공간으로 변화를 줄 수 있을지 아이디어가 떠오르기도 하더라고요.

그리고 가능하면 최소한의 비용으로, 때로는 비용을 들이지 않는 방법을 고심해봅니다. 가구나 소품의 위치를 바꿔보기도 하고, 쓰다 남은 페인트나 가지고 있던 물건을 활용해보기도 하면서요. 잘 살펴보면 우리는 이미 꽤 괜찮은 물건들을 가지고 있답니다.

# 내 몸에 딱 맞는 집

추운 겨울, 밖에서 일을 마치고 집으로 돌아오면 따뜻한 집 안의 온기에 한껏 움츠렸던 어깨가 자연스럽게 펴지면서 온몸의 긴장이 스르르 풀어지는 경험 다들 한 번쯤 있을 거예요. 특히나 아침에 청소기로 집 안 먼지를 정리하고 나간 날이면 집 안은 상쾌함까지 더해져 행복은 두 배가 되지요.

깨끗이 닦아놓은 가습기에 물을 넣어 틀어주면 머리부터 발끝까지 건조함에 바스락거렸던 온몸이 차분해지는 느낌이 들어요. 제게 딱 맞는 온도와 습도, 환경을 갖고 있는 집은 그 어느 곳보다 저를 편안하게 만들어줍니다.

저는 추위를 많이 타는 편이에요. 그래서 겨울이면 몸이 노곤하게 따뜻해질 정도의 온기를 유지하는 걸 좋아해요. 그런데 남편은 반대로 더위를 많이 타서 여름에는 에어컨을 세게 틀고 겨울에는 난방을 그만 끄자며 저와 사소한 언쟁을 하기도 했어요. 하지만 7년을 함께 살다 보니 서로 조금씩 절충이 되어서 이제는 똑같이 덥고, 똑같이 추위를 느낄 수 있을 정도로 적응을 했습니다.

또 중요한 것은 습도예요. 둘 다 기관지가 약해서 건조한 날씨가 계속되는 겨울철에는 적절한 습도를 유지해주지 않으면 바로 감기에 걸리거나 알레르기 비염이 출현해서 하루 종일 재채기를 달고 살아야 합니다. 그래서 겨울철에는 침실과 거실에 각각 가습기를 틀어놓고 지내곤 합니다.

눈에 보이지는 않지만 오감으로 느낄 수 있는 우리 집만의 느낌이 있어요. 우리 가족의 몸에 딱 맞게 세팅된 최적의 공간임을 느끼게 하는 무엇이요. 환기를 하고 공기청정기를 틀어놓았을 때 코끝에서 느껴지는 상쾌함, 늘 26도를 유지하는 온도, 그리고 손과 입술, 호흡이 메마르지 않고 편안한 정도의 습도. 이 모든 것이 함께 살면서 서로 맞춰가며 자리를 잡고 저희 일상으로 들어오게 되었어요.

지금 집은 오래 살다 보니 이제 여름에는 에어컨을 몇 시간 틀어놓으면 시원한지, 겨울에는 난방을 몇 도로 맞춰놓고 몇 시부터 틀면 좋아하는 온도가 되는지, 환기는 하루에 몇 번이나 하면 좋은지 등이 자연스럽게 몸에 저장되어 언제든 내 몸에 꼭 맞는 집이 되어주고 있습니다.
그중에서도 잠잘 때 느끼는 기분은 단연코 최고인데, 너무 딱딱하지도, 너무 푹신하지도 않은 적당하게 몸을 받쳐주는 매트리스와 가벼우면서 통기성 좋고 보온성까지 뛰어난 차렵이불, 목을 자연스럽게 받쳐주는 베개와 그날의 피로를 전부 날려버릴 은은한 아로마 향까지. 그동안 수많은 시행착오를 겪으면서 찾은, 저희에게 알맞은 모든 것이 제대로 갖추어진 우리 집.

여러분의 집은 어떤가요? 혹시 집에 있는 시간 동안 불편하다고 느낄 때가 있다면, 어떻게 하면 조금 더 좋은 환경에서 살 수 있을지 고민해 보세요. 아주 작은 것부터요. 잠잘 때 춥거나 덥다고 느낀다면 이불을 한번 바꿔보고, 낮에 해가 많이 들어와서 덥거나 눈이 부신다면 하늘하늘 시폰 커튼을 설치해보기도 하면서요.

이런 작은 노력이 하나하나 쌓이다 보면 분명 그리 오래 걸리지 않아 내게 가장 편안한, 그리고 내 몸이 가장 좋아하는 집을 만들 수 있을 거예요.

# 나를 닮아갑니다

**1판 1쇄** 2020년 11월 5일

**지 은 이** 김혜송

**발 행 인** 주정관
**발 행 처** 북스토리㈜
**주     소** 서울특별시 마포구 양화로 7길 6-16 서교제일빌딩 201호
**대표전화** 02-332-5281
**팩시밀리** 02-332-5283
**출판등록** 1999년 8월 18일 (제22-1610호)
**홈페이지** www.ebookstory.co.kr
**이 메 일** bookstory@naver.com

ISBN 979-11-5564-218-4  13590

이 도서의 국립중앙도서관 출판시도서목록(CIP)은
서지정보유통지원시스템 홈페이지(http://www.seoji.nl.go.kr)와
국가자료공동목록시스템(http://www.nl.go.kr/kolisnet)에서 이용하실 수 있습니다.
(CIP제어번호 : CIP2020043291)